著 施奇廷、許經夌、陳翰諄

繪 吳宇實

目 錄

## 超展開實驗第二章 老練難度



## 超展開實驗第三章 瘋狂難度

作者的話

# 如果我有超級英雄的力量就好了

我們小的時候就跟你一樣，對電視卡通動漫十分著迷，那時候最有名的可是《科學小飛俠》（不相信的話，可以問你們的爸爸媽媽）。不過有一點可能跟別人不太一樣的是，我們的偶像並不是代表正義的科學小飛俠，而是壞人那邊的三代大頭目「辛格萊爵士」。他的人物設定是這樣：「加州柏克萊大學物理博士，是第一名畢業的天才，製造機械鐵獸以征服世界。」我們小小心靈大受震撼：「原來讀物理以後就可以整天製造機械鐵獸來征服世界，真是太讚了！」結果長大後就真的讀了物理系，不過殘酷的事實是……其實讀物理系不能製造機械鐵獸、也沒辦法征服世界。

當然我們相當有「自己是怪咖」的自覺啦，不過也相信幾乎所有的人，都曾經在人生的某個時刻，心裡浮現過「如果我有超級英雄的力量就好了」的念頭。最近幾年以「超級英雄」為主題的電影成為票房萬靈丹席捲全世界，多多少少是因為它們幫「無法成為超級英雄、也無法成為超級壞蛋的我們」，在電影的虛擬世界中實現了願望也說不定。

可是大家也別太失望，其實人類早已取得「超級英雄（或壞蛋）的力量」了，其名為「科學」。許多在動畫、電影中出現的神奇力量，其實是可以用科學與技術做出來的——這就是為什麼有這本書的出現，我們不只告訴你當中的科學原理，還會教你如何實作。

什麼？！實作這種東西太危險了吧！會不會觸犯槍砲彈藥管制條例還是公共危險罪，結果真的被當成壞人抓去監獄啊？！別擔心，我們要做的是安全第一的「家用版」，要是因此覺得 POWER 不足的話，這當中的差異就用想像力來補完啊！

歡迎你透過本書，一起享受動畫、電影、科學、實作的多重樂趣！

# ::: 超級英雄也要遵守的安全與注意事項 :::

## 給讀者與家長的必讀提醒

本書實驗一共分成三個難度，從簡單至難，依序為：新手、老練、瘋狂。難度越高，所需要的操作技巧和材料準備也會越難。進行實驗前，請先依照下方「操作能力需求表」評估自己的能力，並且務必詳細閱讀實驗準備材料與步驟。特別是瘋狂難度，請務必先告知家長，並且由家長在旁協助。在實驗進行時，也務必留意自身與場所安全，以免發生危險。

| : : 操作能力需求表 : : | |
|---|---|
| 新手難度 | ● 能夠自己閱讀步驟中照片與文字。<br>● 能夠熟練使用剪刀、美工刀等銳利切割工具。<br>● 能夠自行前往文具店或是美術材料店購買各種材料。 |
| 老練難度 | ● 能夠順利完成所有新手難度的實驗。<br>● 具備操作精細物件組裝的經驗與能力，像是玩具模型或積木。<br>● 能夠熟練操作熱熔槍。<br>● 熟悉基本電路的操作與原理，像是燈泡、電池、串聯與並聯。 |
| 瘋狂難度 | ● 能夠順利完成所有老練難度的實驗。<br>● 能夠完成銲接新手課內容。<br>● 能夠正確使用銲接工具，並且確保自己與場所安全。<br>● 能夠找到安全且有家長在旁的場所進行實驗。 |
| 安全與注意事項 | ● 實驗進行前請務必詳讀材料準備，並告知家長。<br>● 使用銳利切割工具時，請務必小心操作避免受傷。<br>● 熱熔槍與銲接工具都會產生極高溫，請務必小心操作避免受傷。<br>● 銲接時會產生高溫異味氣體，請務必在空氣流通場所裡進行。<br>● 實驗操作後，請務必清潔雙手與場地，避免誤食或是因為踩踏而受傷。<br>● 部分實驗使用瞬間膠，請在空氣通風處使用。不慎黏到雙手，切勿使用蠻力拉開，可以輕輕的緩慢拉開。 |

# 銲接新手課開課囉

在瘋狂難度的實驗裡會使用到銲接工具，要進行之前先來好好上一堂銲接課，並且根據步驟練習使用技巧。只要熟悉這些銲接方法後，就可以進行書裡的實驗囉！

## 烙鐵銲接基礎原理

烙鐵銲接指的是透過烙鐵加熱兩個金屬材料，再透過熔化的銲錫，讓兩個金屬材料結合在一起。「銲錫」是銲接裡的重要媒介，它是熔化後附著在被銲接金屬材料上的物質，但是它不像熱熔膠熔化後可以直接附著在物體表面，銲錫比較容易附著在可以將銲錫熔化的物體上。因此，如果想要用銲錫銲接兩個金屬，就必須讓被銲接金屬的溫度升高至足以熔化銲錫，才可以讓銲錫熔化並附著在被銲接金屬上面。另一種方式是使用「助銲劑」塗抹在被銲接物體表面，這樣可以讓被銲接物體不需要提高至太高的溫度，就可以被熔化的銲錫附著。

**材料準備**

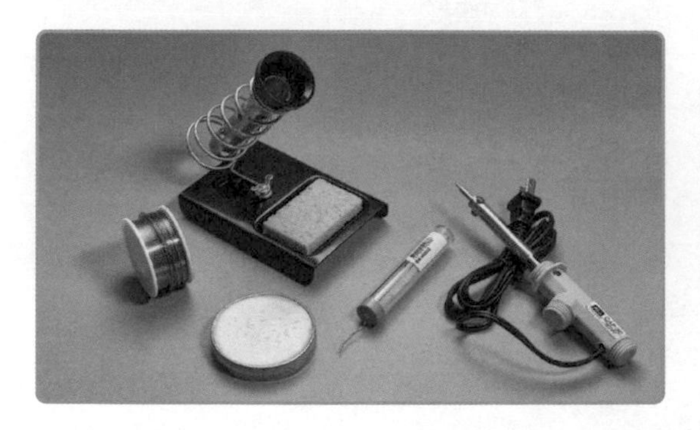

- ☐ 電烙鐵 40W
- ☐ 烙鐵架（包含烙鐵海綿）
- ☐ 銲錫
- ☐ 助銲劑

**前置步驟**

1 烙鐵海綿先加水，溼潤的程度是用手壓海綿不會有水跑出來。

2 烙鐵海綿用來清理烙鐵頭上多餘的銲錫或是氧化物。可以將預熱好的烙鐵頭在海綿上輕輕塗抹幾次。

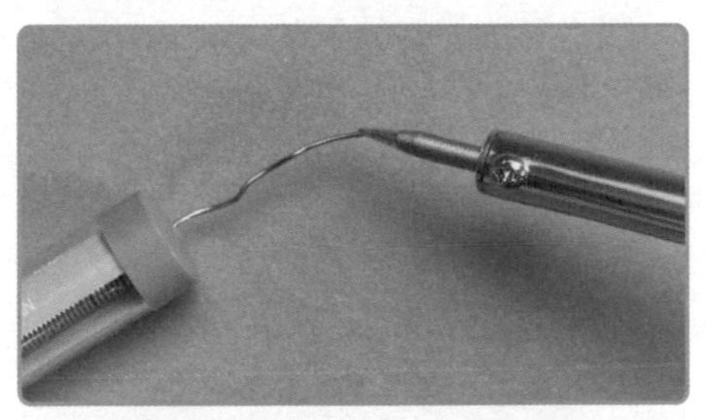

3 烙鐵插上電源預熱。預熱時可以用銲錫線測試溫度，如果溫度足夠，銲錫線就會熔化並且附著在烙鐵頭上。

4 把烙鐵頭上錫的氧化物抹在海綿上清理乾淨，就可以開始銲接。

**基礎銲接練習 I**

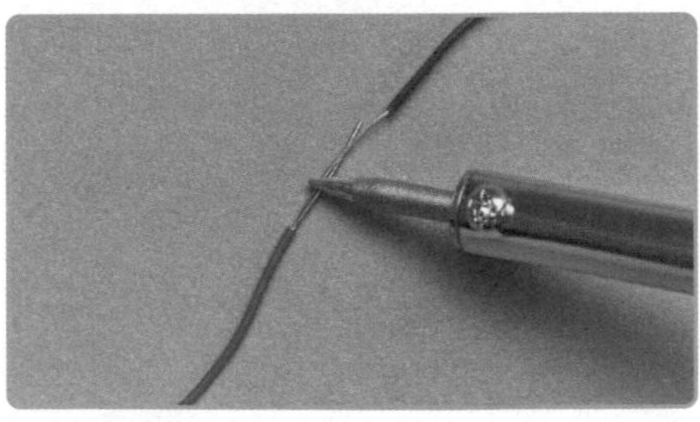

1 兩條剝好皮的電線交疊在一起，再用烙鐵輕輕接觸兩條電線要被銲接的位置，約 2 秒。

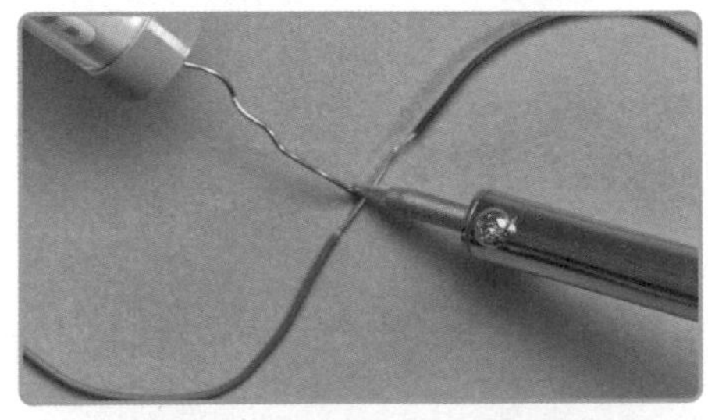

2 把銲錫放到烙鐵與電線交界處，看到銲錫被熔化並且流到電線上後，先移開銲錫、再移開烙鐵。完成銲接。

## 基礎銲接練習 II

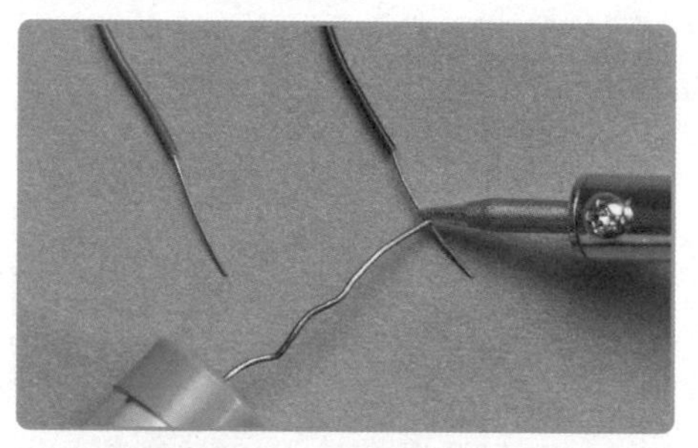

1 將兩條電線並排。用烙鐵加熱其中一條電線頭，再將銲錫放入。另外一條電線也同樣處理。

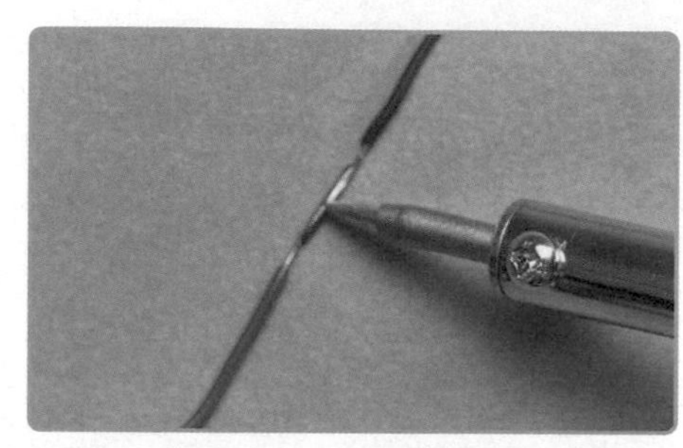

2 完成後將兩條電線頭交疊在一起，再用烙鐵同時熔化電線頭上的銲錫，就可以完成銲接。

## 基礎銲接練習 III

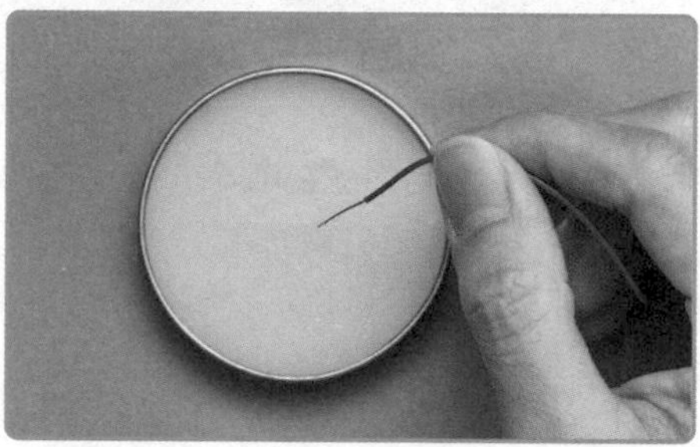

1 準備助銲劑，把剝好皮的兩條電線都插進助銲劑，使銅線上沾滿助銲劑。

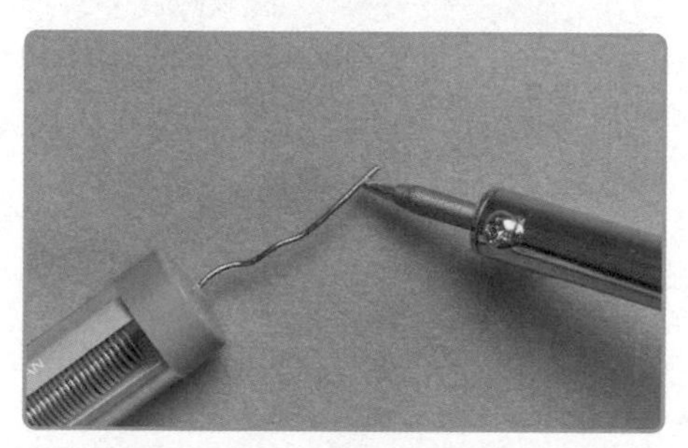

2 把銲錫熔化一些在烙鐵頭上。

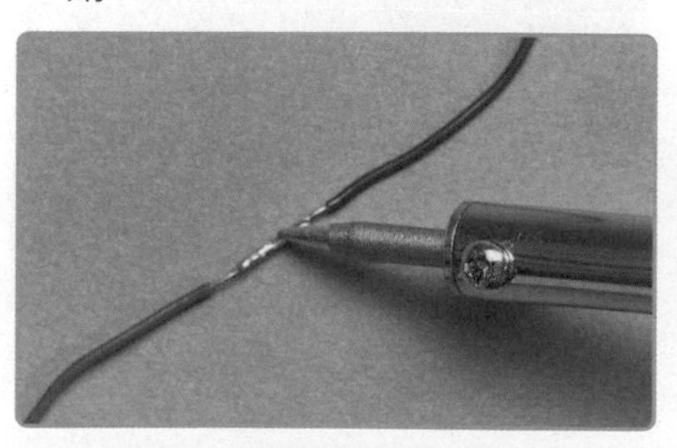

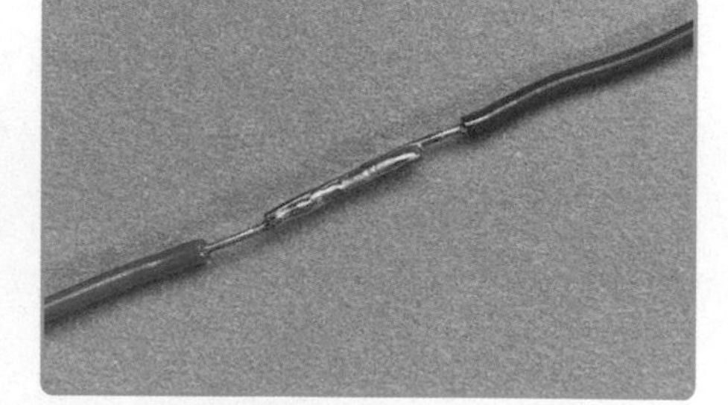

3 用步驟 2 的烙鐵去塗抹被銲接的物體就可以完成銲接。

# 超展開實驗第一章

## 新手難度

身為實驗室新手，先來學習找出並分析電影、動漫裡的各種科學原理，再使用簡單的工具和剪切黏貼，訓練一下研究與操作能力。

# 哆啦A夢救我

不管大人或小孩，應該沒有人不認識這隻圓滾滾、藍色、無耳、又愛吃銅鑼燒的機器貓「哆啦 A 夢」，他可以隨時從「四次元口袋」 掏出各種神奇道具，化解各種危機並實現夢想。自從 1969 年漫畫開始連載以來，即使作者藤子・F・不二雄已經於 1996 年過世，哆啦 A 夢依然人氣不減，帶給大人和小孩無比的樂趣。

哆啦 A 夢之所以存在，就是要來幫另一位主角「野比大雄」擦屁股。大雄個性單純善良，但功課、運動都不擅長。也因為長大後的大雄太過沒用而「禍延子孫」──欠了一屁股債，所以大雄的玄孫野比世修才讓哆啦 A 夢搭乘時光機回到現代，來幫助高祖父大雄。

漫畫最常看到大雄哭著跑回家大喊：「哆啦 A 夢救我～」。原因不外乎成績太差、被胖虎跟小夫欺負等各種出包闖禍。這時哆啦 A 夢就會從肚子上的口袋拿出未來的道具幫助大雄。通常一開始都可以順利解決，但是大雄馬上就得意忘形、亂用道具，最後自食惡果，讓人好氣又好笑。

藤子 ‧F‧ 不二雄一共畫了 1345 篇哆啦 A 夢漫畫，幾乎每一回都會出現一種新道具，創意實在非常驚人！當中有些道具因為很實用，所以經常出現，像是「任意門」以及「竹蜻蜓」。

任意門是一扇看似普通的粉紅色門，但是只要心裡想去哪裡，握住門把再打開，就可以達到世界上的任何一個地方，甚至宇宙也可以。這個方式就類似科幻片中使用「蟲洞」來進行超光速移動的「跳躍飛行」，或是超能力裡中的「瞬間移動」。

而竹蜻蜓像一個竹子做的螺旋槳，只要裝在頭上，就可以像直昇機般飛行，雖然故事裡沒有飛很快；不過依據設定，最高時速可以達到 80 公里，跟汽車速度差不多。

雖然竹蜻蜓功能上比任意門弱，不過看到本作的主角們用竹蜻蜓在天空中自由自在、悠遊飛翔的感覺，真是令人羨慕。其實竹蜻蜓也是一種歷史悠久的兒童玩具，雖然沒有比樂高、電動好玩，但看著從手中飛出去的竹蜻蜓在空中遨翔的模樣，也是蠻療癒的呢！在這個單元，我們就來做一支竹蜻蜓，並且學習直昇機、無人機的飛行原理。

## 科學戰略室

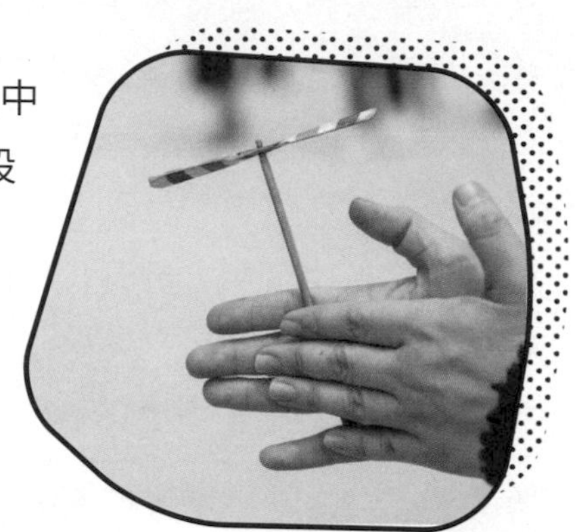

竹蜻蜓的構造非常簡單，就是利用一根中心軸帶動槳葉進行旋轉而造成氣流，這樣的設計和飛機、船舶上的螺旋槳類似，就連生活用的電風扇也是。據傳竹蜻蜓在西元前數百年就在中國被發明出來當作玩具，可說是史上最早的螺旋槳。後來在 15 世紀左右傳到歐洲，吸引西方科學家研究。

當竹蜻蜓旋轉的時候，槳葉是在空氣中水平轉動，而槳葉本身的平面是斜向於水平轉動的方向，所以空氣分子會不斷撞擊在槳葉平面上。空氣分子在撞擊斜向的平面之後，就會被偏折往下，形成往下的氣流。以力學的觀點來說，槳葉就是對空氣分子施加了力量，使它們往下運動。根據牛頓第三運動定律：「當甲物體對乙物體施加『作用力』時，乙物體也會對甲物體還以大小相等、方向相反的『反作用力』」。槳葉也就因此得到了向上的反作用力，使得整個竹蜻蜓向上飛起。

### 竹蜻蜓的飛行原理

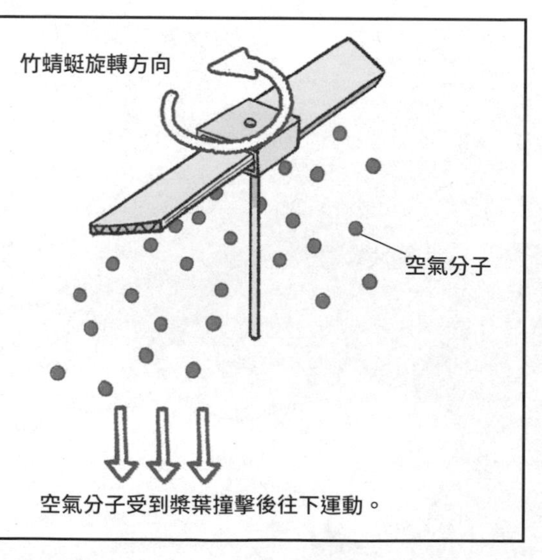


空氣分子撞擊斜向的槳葉平面而向下偏折運動，槳葉也因此得到往上的力量。

## 科技藍圖

竹蜻蜓雖然構造簡單，但是需要注意兩個製作重點，才能讓竹蜻蜓順利一飛沖天。

### 重量輕盈又好加工的槳葉材質

因為要製作的是童玩版竹蜻蜓，使用的材質需要夠輕盈又有一定堅韌度，製作出的竹蜻蜓才可以用雙手輕鬆轉動。槳葉可以選擇厚紙板，重量輕又可以用美工刀裁切。

### 製作傾斜的槳葉

傾斜的槳葉可以透過平面的紙片來完成。先在紙片上製作出一個缺口，再結合兩片紙片，就完成傾斜的槳葉了。

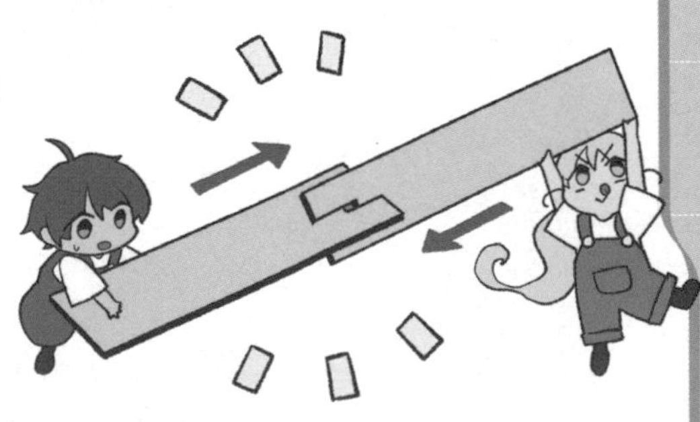

## 實驗兵工廠

### 材料與工具

- ☐ A4 厚紙板（厚度 0.5~1 毫米）1 片
- ☐ 烤肉竹籤（長 25 公分）1 支
- ☐ 美工刀、自動鉛筆、直尺、切割墊、熱熔膠

### 實驗步驟

1 將厚紙板裁切成 2 片長 11 公分、寬 2.6 公分的長方形紙板。

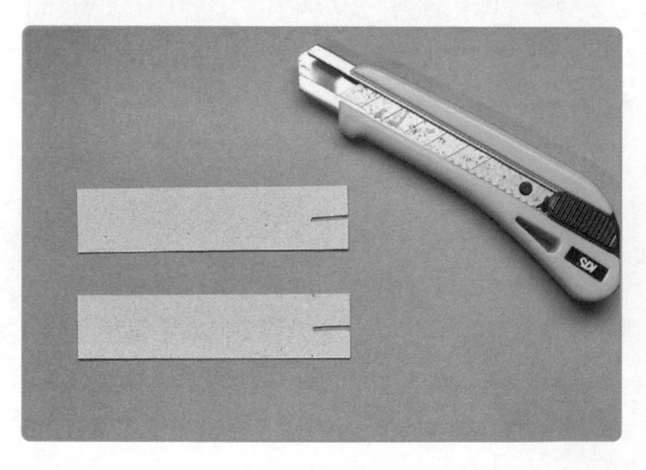


2 在裁好的紙板一端正中間畫上長 1.5 公分、寬 0.2 公分的長方形，並用美工刀切下，讓紙板有個長方形缺口，兩條紙板都要處理。

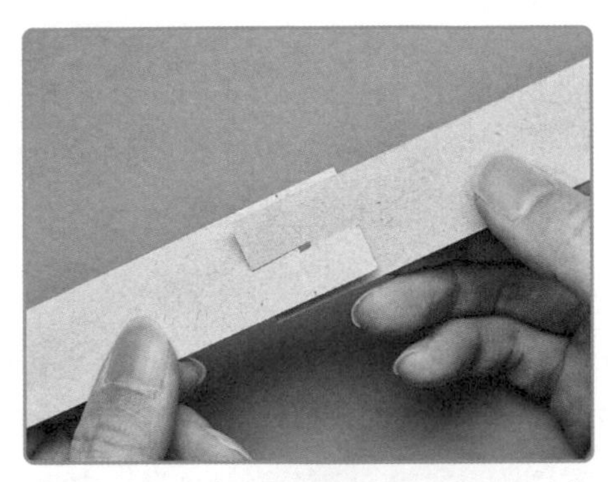

3 將兩條紙板缺口相對交叉插入並在中間預留一個正方形孔。

4 用烤肉竹籤尖端插入正方形孔，並卡在兩片紙板中間。

5 用熱熔膠黏接兩條紙板與竹籤，正反兩面都要。

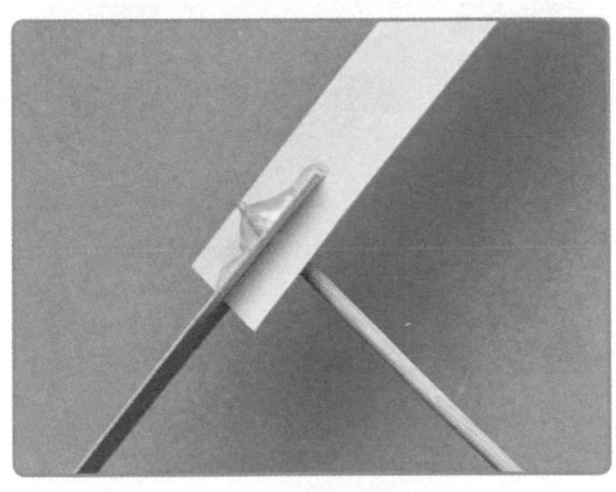

6 最後再擠一點熱熔膠包住竹籤尖端，防止尖端戳傷人。

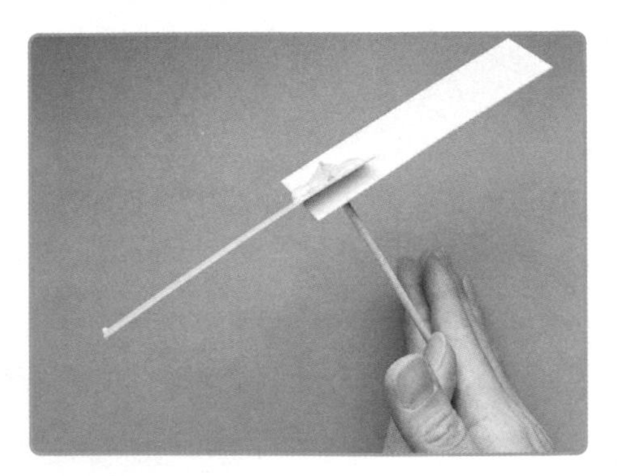

7 用雙手掌夾住竹籤，右手向前推讓竹籤旋轉至左手末端放開雙手，這樣就可以看到自製的紙竹蜻蜓飛上天囉！

# CHALLENGE++

當你拿到這個竹蜻蜓時，是不是想要吐槽自己，這種程度就想放在頭上飛上天，應該只有大雄才會想到這種餿主意吧！那如果是哆啦 A 夢的竹蜻蜓又是怎麼運作呢？仔細觀察哆啦 A 夢拿出的竹蜻蜓，不用人力就可以自動旋轉，並且所產生的升力，足夠乘載一個人。

因此，要將原本「童玩」版竹蜻蜓，升級成「哆啦 A 夢」版，最簡單的方法就是需要加上馬達和電池，還有想辦法固定在頭上。

**我們可以利用簡單的器材模擬哆啦 A 夢版竹蜻蜓。**

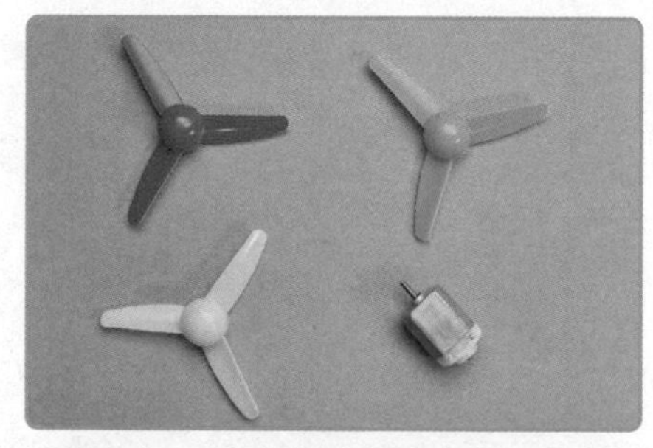

1 首先準備玩具槳葉和汽車小馬達。

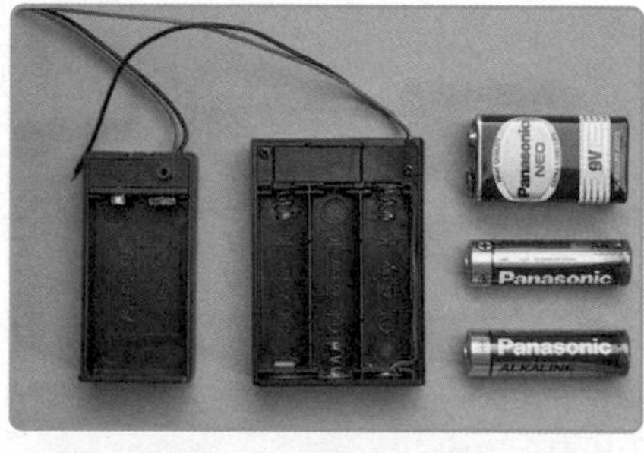


2 動力來源可以使用一般碳鋅電池或是鹼性電池。

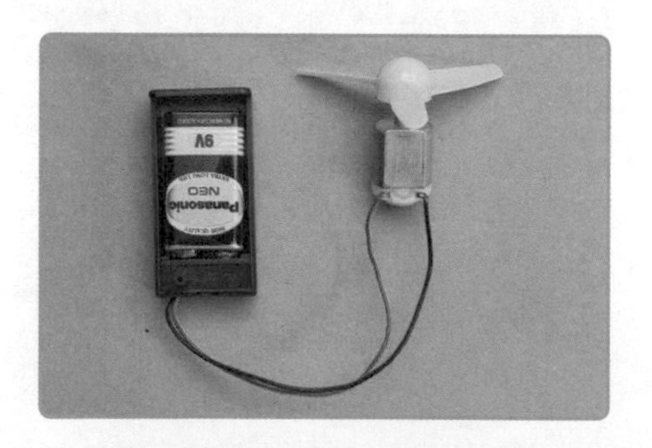

3 最後將步驟 2 的電池盒電線，接上步驟 1 的槳葉與馬達，就完成了。

最後只要把這個模擬裝置，利用熱熔膠黏上髮箍、帽子或是安全帽，這樣就和哆啦 A 夢的竹蜻蜓很像了吧。不過實際的飛行能力，就等你來測試看看囉！

哆啦 A 夢版竹蜻蜓是不是讓你想起一個現在流行的飛行裝置——無人機飛行器！無人機飛行器也是透過將馬達和槳葉盡可能迷你化，只要透過電池就可以順利飛起。你可以試著實驗各種馬達和槳葉，估算出最大載重量，或許就有機會製作出可以載人的竹蜻蜓囉。

## 我的超展開實驗紀錄

# 初音未來 虛擬投影裝置

## EVERYONE, CREATOR

你是否曾經「強迫」手機的智慧語音助理，唱歌給你聽？這些很智慧的 AI 助理，不是找理由裝傻，就是唱的五音不全！但是遠在 2007 年，Siri 和 Google 小姐都還沒誕生之前，數位世界裡就出現一位能歌善舞、梳著藍色雙馬尾的卡哇伊虛擬歌姬。

電腦程式、知名歌手、二次元偶像等，這些都是描述這位完全誕生於數位世界裡的虛擬歌姬——初音未來。初音未來源自於一套音樂創作軟體，任何人都可以透過初音未來的聲音，唱出自己創作的詞曲；再加上超萌的動漫人物設定，不僅打破了人類偶像的距離感，也在網路社群和動漫愛好者中引發風潮。不斷出現的二次創作與分享：音樂 MV、漫畫等，都讓初音的風潮持久不衰。

初音未來媲美真人歌聲的技術是使用 YAMAHA 的 VOCALOID 2 語音合成引擎，並以聲優藤田咲的女性歌聲為基礎。只要使用者輸入詞曲，就可以用電腦合成出歌曲、唱出來。搭配這個歌聲的動漫人物設定，則是由插畫家 KEI 所設計的雙馬尾美少女：一位 16 歲，身高 158 公分，體重 42 公斤，擅長流行歌曲、搖滾樂與舞蹈。而初音未來意指「來自未來的首次發聲」。

2010 年 3 月 9 日，初音未來的創作公司 Crypton 更與電玩公司 SEGA 合作，舉辦了「未來日的感謝祭」！在這個演唱會中，使用了 2.5D 半全像投影技術，讓初音未來彷彿像真人一樣在舞台上勁歌熱舞，除了讓臺下以及電腦前的粉絲們激動不已，也寫下了「虛擬偶像」歷史性的一頁。初音也在 2011 年美國洛杉磯舉行首次海外演出，之後巡迴世界多國，包括臺灣。

雖然譜曲作詞難度很高，或許現在還無法讓初音唱出自己的心聲。不過要讓初音或是虛擬人物走出平面，卻是可以透過一些簡單方法實現。接著我們要嘗試用手邊的材料與光學原理，製作一個簡易全像投影舞臺，先替你的虛擬偶像出道演唱會場地作準備。

# 科學戰略室

全像投影，是在空間中建立起一個虛擬的立體物體影像。如果觀眾用不同的方位和角度進行觀察，就可以看到該物體影像的不同角度，彷彿物體真的就在那裡一樣。

這項技術來自於物理學家丹尼斯·蓋博的發明，他利用光波的干涉及繞射特性，記錄並重現物體的三維立體影像，因此獲得 1971 年的諾貝爾物理學獎。

而目前商業表演或展覽上的「全像投影」，大多只是借用這個聽起來很酷的科技名詞，但其實是使用一個更有歷史的技術：佩珀爾幻象。

佩珀爾幻象來自於 19 世紀科學家約翰·佩珀爾的巧妙舞臺設計。他在主舞臺前設置一面 45 度斜向擺設的透明玻璃，因為玻璃本身是透明的，所以觀眾可以透過玻璃看到後方的主舞臺。同時在側面安排一個隱藏舞臺，因為玻璃雖然是無色透明，但是玻璃表面還是會反射一定比例的光線，所以它就像鏡子一樣把隱藏舞臺的物體影像反射到觀眾的眼中。觀眾同時接收到兩邊的光線後就會產生錯覺，覺得突然有個幻象般的物體，出現在主舞臺上。

## 佩珀爾幻象的科學原理

觀眾會在玻璃前同時看到左邊隱藏的物體影像，以及正前方的主舞臺。這種佩珀爾幻象是因為透明玻璃反射光線而來的，屬於一種虛擬影像，所以在科學上被稱為「虛像」。

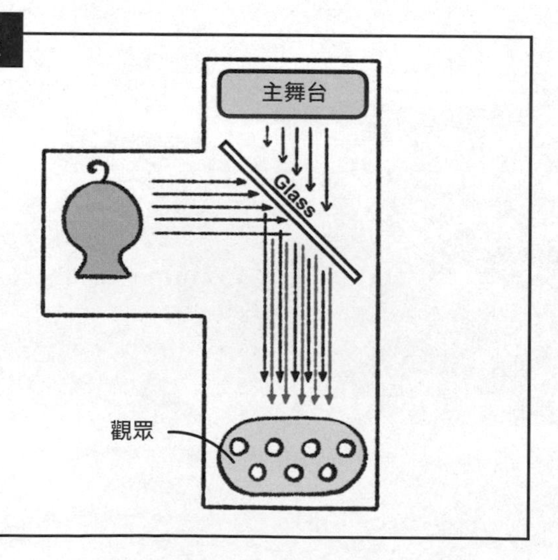

# 科技藍圖

在虛擬偶像還沒出道之前，可能沒有太多收入，所以我們要節省經費，善用手機和透明塑膠片，預先規劃出投影演唱會場地。

## 實驗兵工廠

### 材料與工具

- □ A4 透明塑膠片一片
- □ 投影紙模
- □ 切割墊、美工刀、直尺、透明膠帶、釘書機、智慧型手機

### 實驗步驟

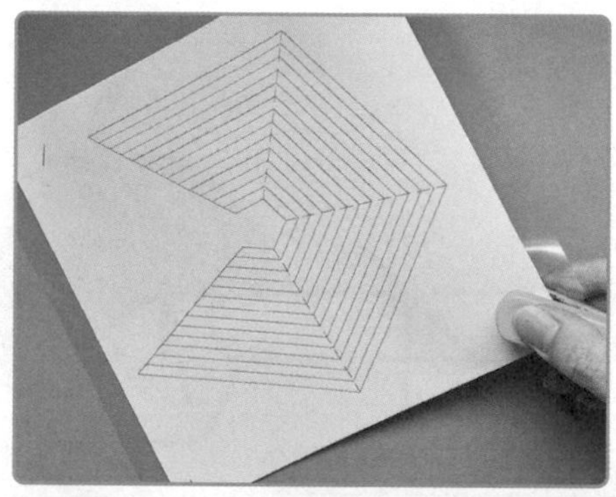

1 將投影紙模蓋在透明塑膠片上，並用釘書機固定四個角落。

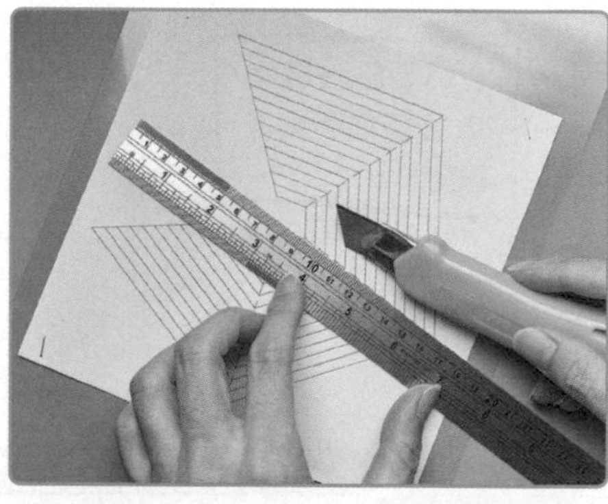

2 使用美工刀刀背沿版型的輻射線虛線，在塑膠片上刻出凹痕。

3 在投影紙模上選取和手機螢幕寬度相近長度的橫線位置。

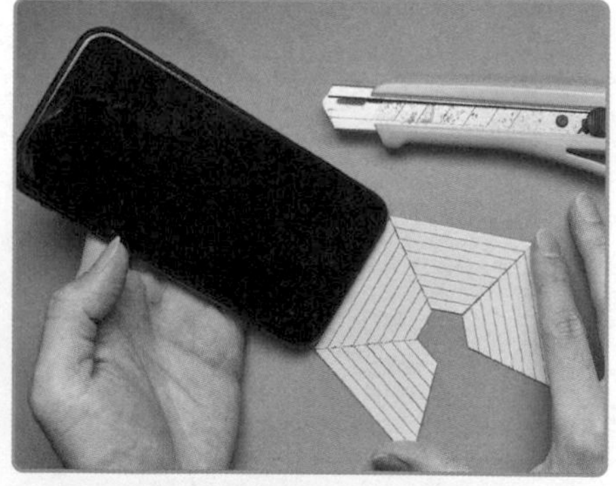

4 使用美工刀裁切下透明塑膠片，並確認橫線長度和螢幕同寬。

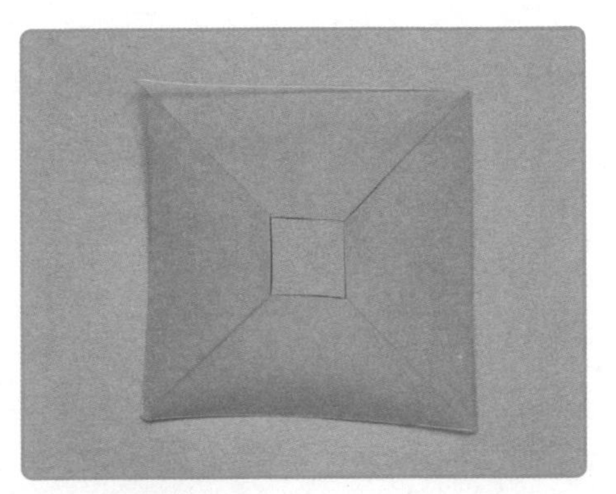

5 沿著透明塑膠片上的摺痕，摺成金字塔形狀，並且用透明膠帶黏貼固定邊長。

6 將步驟 5 的金字塔塑膠片依照照片指示放在螢幕中央，就完成播放裝置。

7 使用手機在 Youtube 搜尋「全像或全息投影素材」或「hologram」，並將影片放大至全螢幕。此時，可以看到影片會有四個相同的動畫圍繞螢幕中心。

8 將做好的金字塔塑膠片倒放在螢幕中間，就可看見全像投影的效果。

## CHALLENGE++

既然做好可以投影虛擬影像的裝置，接下來就是挑戰製作舞台背景，可以先在方格紙上規劃背景圖案或是外型，嘗試做出可以完美搭配虛擬影像的舞臺吧！

### 我的超展開實驗紀錄

# 投影紙模

請掃描 QRcode，下載紙模檔案。

列印時請選擇 A4 紙，原始尺寸。

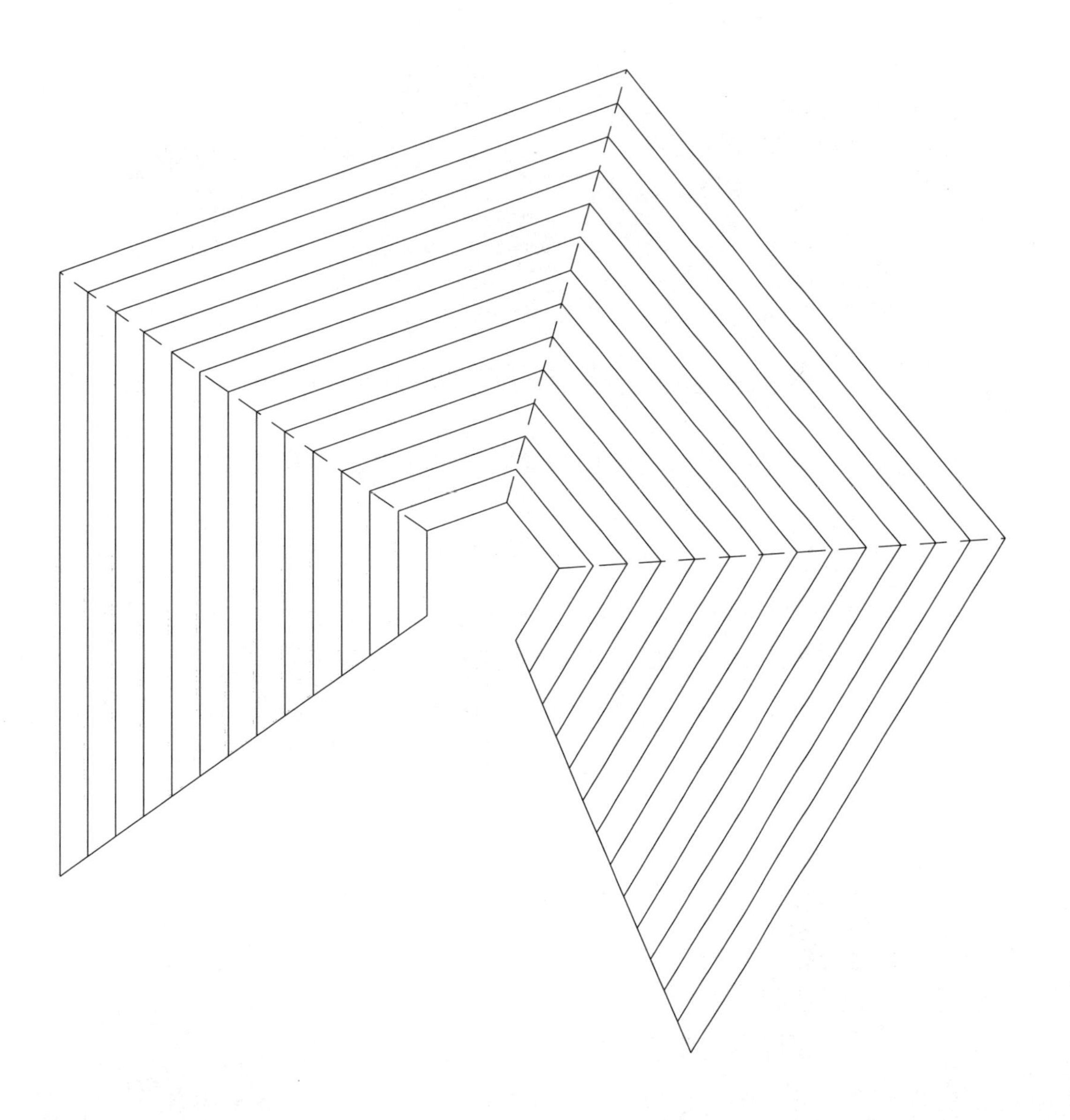

熱血漫畫《航海王》是描述主角魯夫與伙伴所組成的草帽海賊團，為了得到傳說大祕寶「ONE PIECE」，出海航向「偉大的航道」的冒險故事。

雖說海賊是門犯罪生意，但往往在電影或漫畫中展現出不受約束、在大海上冒險犯難，反而讓人羨慕。航海王的世界觀與人物設定更從海賊文化延伸，加入了奇幻故事的要素，除了人類以外，還有多樣的種族，像是人魚族、巨人族。

此外，驚心動魄的戰鬥場面也是航海王最吸引人的設定，作者在故事中加入了各種「惡魔果實」，只要吃下肚就能得到各種神奇的超能力，像是吃了燒燒果實，可以使出火焰效果的攻擊；閃光果實則是可以實現光速移動；甚至吃下四分五裂果實，讓人打都打不到。

在眾多惡魔果實中，貪吃的主角魯夫當然也吃了一顆「橡膠果實」。橡膠果實的能力就是讓全身變成跟橡膠一樣——強韌有彈性，魯夫也巧妙利用「彈性」，發展出各種威力強大的絕招。像是剛出道的魯夫就練成了第一個絕技「橡膠槍」，手臂可以像橡皮筋一樣伸長彈出，利用強大的彈力來痛擊對手。這招還衍伸出各種強化版，像是「橡膠噴射槍」、「橡膠巨人槍」等。

**橡膠果實的科學超能力：彈性、不怕電**

**再強大的惡魔果實也是有弱點：不會游泳、海樓石**

只要吃了惡魔果實，
就不會游泳！

雖然惡魔果實設定是異想天開，但關於橡膠的特性倒是很科學！所以真的有可能運用科學原理製作出橡膠槍嗎？實際上當然不可能把我們的手變成像橡膠，但是卻可以用很容易取得的材料，做出像魯夫的手一樣可以伸縮自如的玩具手！

## 科學戰略室

最早製作橡膠的原料來自於橡膠樹的樹汁，樹汁含有許多長鏈狀的分子，這些長鏈分子就像是煮好的義大利麵條，柔軟而富有彈性。如果麵條間彼此沒有連結，撈起麵條就會發現，整團義大利麵像是水一樣，咻的滑下去。

工人正從橡膠樹採集樹汁。樹汁長鏈分子像是非常微小的義大利麵條，彼此滑動呈現出有如液體的特性。

但是如果這些長鏈分子間產生「交聯」現象，變成立體的網狀結構，就可以讓樹汁從液體變成有彈性的固體——橡膠。運用這樣的概念，雖然真實世界沒有橡膠果實，但是科學家依然可以製作出有如天然橡膠的各種彈性聚合物。

### 橡膠的交聯作用

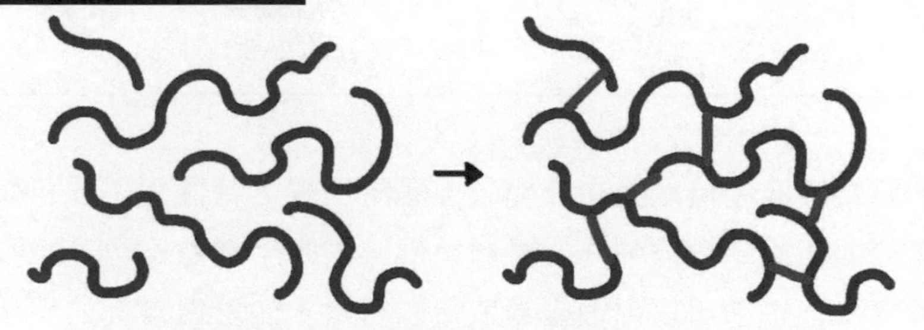

橡膠樹汁長鏈分子可以透過交聯作用（加入硫，紅線標示），形成立體網狀結構，而使整體的形狀固定下來。

## 科技藍圖

科學家發現不一定只有橡膠樹汁才能製作橡膠，只要找到長鏈分子和可以進行交聯作用的物質就可以。

1 要製作橡膠手前，需要先找到一種長鏈分子「X 物質」，以及可以交聯作用的「Y 物質」。

2 X 物質就存在於膠水中，Y 物質則是隱形眼鏡保養液裡就有。

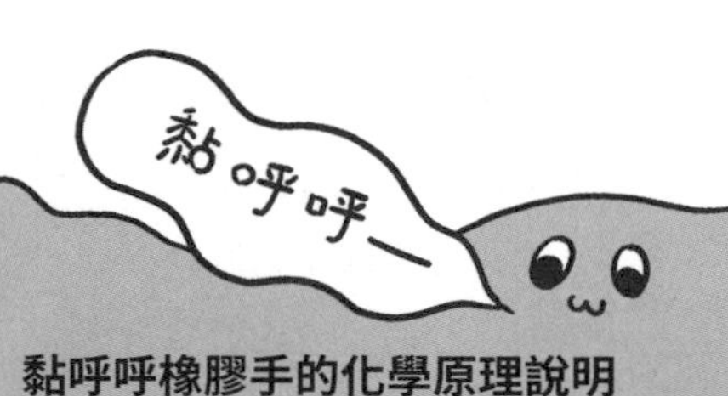


**黏呼呼橡膠手的化學原理說明**

X 物質就是膠水的主要成分「聚乙烯醇（PVA）」，Y 物質是隱形眼鏡保養液裡的「硼酸」。聚乙烯醇也是一種長鏈分子，遇到硼酸後，會產生交聯反應，因此會慢慢變稠、產生彈性。額外加入的小蘇打，則是具有脫水作用，可以加速交聯反應的進行。

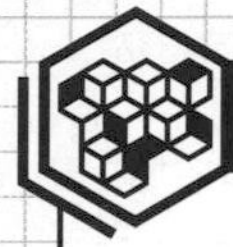

# 實驗兵工廠

## 材料與工具

- □ 透明膠水（50 毫升，主要成分聚乙烯醇 PVA）1 罐
- □ 隱形眼鏡保養液（含硼酸 boric acid）1 瓶
- □ 小蘇打粉、竹筷、吸管或小湯匙、塑膠盤

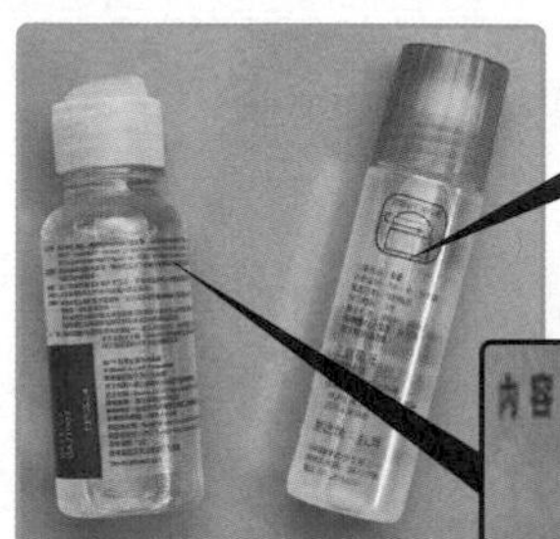


## 實驗步驟

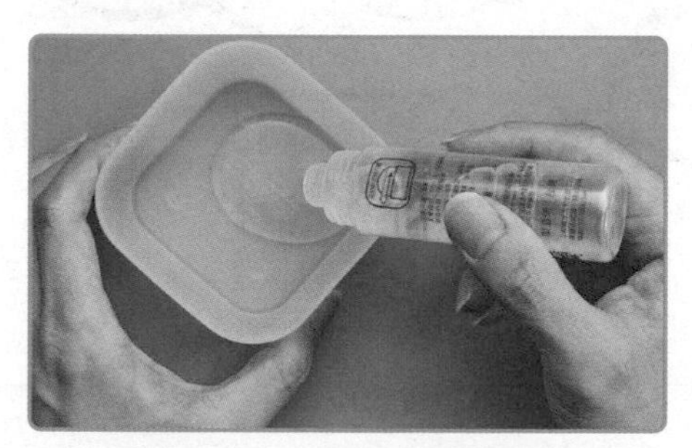

1 先把膠水全部倒在塑膠碗中。

2 加入 5 毫升（約 100 滴）的隱形眼鏡保養液。

3 使用竹筷，仔細攪拌均勻。因為膠水濃稠，攪拌會出現小氣泡，屬於正常現象。

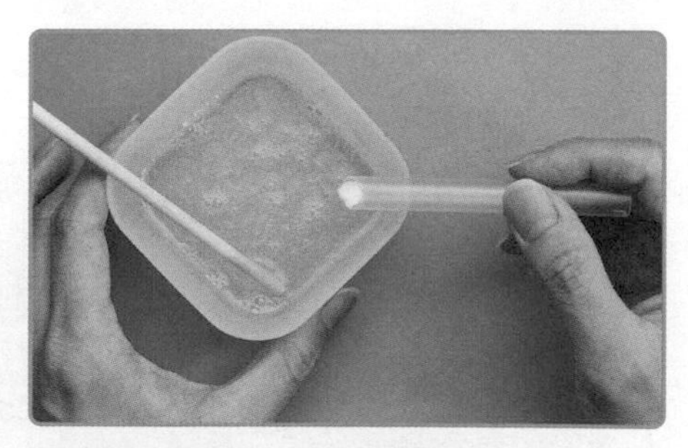

4 使用吸管或小湯匙挖取約 2 克（一半指甲大小）的小蘇打粉，加入步驟 3 的膠水並攪拌。

5 一邊攪拌、一邊觀察膠水凝固的程度。如果膠水太軟、水水的，可以再加入一些小蘇打粉。

6 攪拌到成一個有彈性的固體，像麻糬一樣。最後可以直接用竹筷撈起而不會鬆散，就完成了。

## CHALLENGE++

這坨軟軟的麻糬，可以真的像橡膠一樣拉得超級長；並且再捏一捏，又可以恢復原狀。不但如此，還具有黏性，可以黏取東西，真的就像手臂一樣。

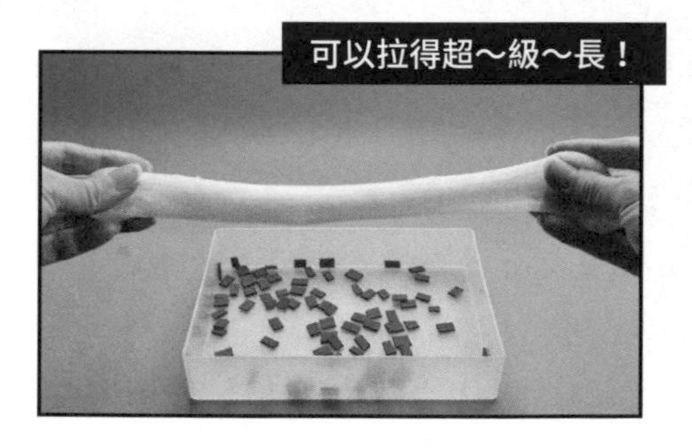

可以拉得超～級～長！

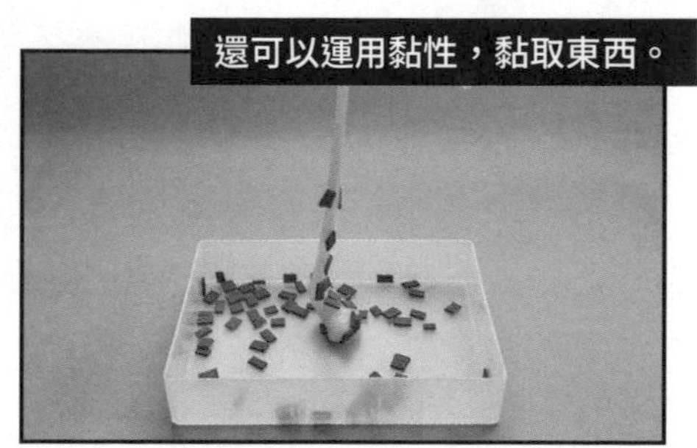

還可以運用黏性，黏取東西。

不過似乎還差了魯夫的橡膠果實能力一些，差在不可以擊飛敵人、不可以防止電擊、不可以伸縮自如……好像還差了不少。沒關係，我們可以先從顏色下手，嘗試看看加入顏料或是色素，調出類似皮膚的顏色，至少讓這團白色麻糬更像橡膠手臂。

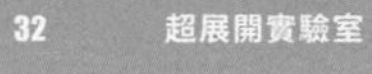

# 火影忍者 煙霧彈

## 我一向有話直說，這就是我的忍道

《火影忍者》可說是 21 世紀日本動漫裡最成功的作品之一。漫畫家岸本齊史對於忍者與忍術的天馬行空想像力，讓忍者不再是躲在暗處的殺手，而是成為能瞬間扭轉戰局，引發國家大戰的關鍵人物。

故事來自「木葉村」這個專門培育忍者的忍者村，村子裡首領則擁有「火影」的稱號，負責管理與保衛忍者村。第四代火影在「九尾妖狐」入侵木葉村時，為了保護村子而將妖狐封印入兒子體內——就是主角漩渦鳴人，自己也力盡身亡。

身為孤兒的鳴人因為體內封印妖狐的命運，備受村民排擠歧視，也成為忍者學校中的問題兒童。鳴人好不容易通過考試成為正式忍者之後，與宇智波佐助與春野櫻等伙伴，展開一連串的熱血冒險旅途。

日本歷史上的確有忍者存在。「忍」指的是「隱藏」，以任務性質來看，是類似間諜、殺手、情報員或特種部隊。然而這些忍者所使用的忍術，其實只是使用障眼法與迅速的動作來欺騙敵人的詐術。但是火影忍者如果只靠這種騙人的招數，恐怕不會像現在這麼受到歡迎。

在火影忍者的世界中，忍術是利用體內稱為「查克拉」的精神能量所發動的特技。只要透過特殊的結印手勢，就可以吐火、放電、瞬間移動，或是施展通靈術召喚各種巨大生物，甚至特定家族還有特殊血脈能力「血繼限界」，以開外掛的方式，傲視全忍界。

通靈之術

雖然岸本齊史對於忍術的描繪簡直進入奇幻境界，故事裡還是保留不少傳統忍者道具，像是手裡劍、苦無、煙霧彈等。當中煙霧彈可是用來配合每位忍者都一定會的招式：「打不贏，快逃！」之術。那既然我們身上沒有查克拉可以發動忍術，就來做顆煙霧彈發動逃跑之術吧！

## 科學戰略室

要製造出煙霧，就要先知道煙霧是什麼？從科學的角度來看，煙霧就是在空氣中懸浮的微粒，這些微粒可以是固態的灰塵或液態的液滴；本來直進的光線被微粒反射或散射後，再進入我們的眼中，我們就會感覺煙霧茫茫，看不清楚了。

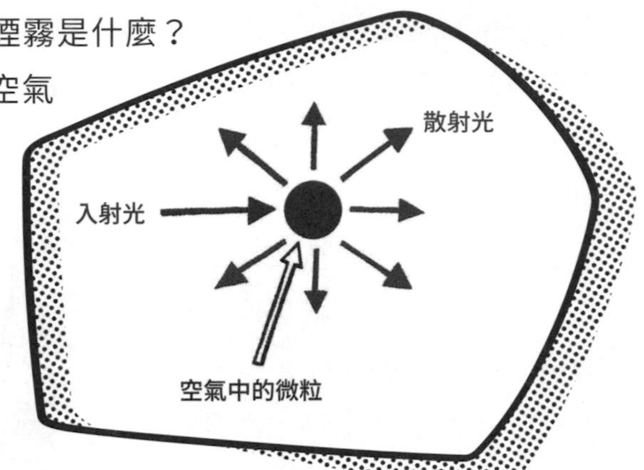


「燃燒」是很容易製造出大量煙霧的方法，因為燃燒產生的灰燼微粒會隨著熱能散發到空氣中，特別像是木頭、塑膠等含有碳的有機物質，在燃燒不完全時會排放出大量的碳顆粒形成濃煙。不過，燃燒所產生的熱與煙都相當危險，並不是製造煙霧的好方法。

想要用安全的方法來製造煙霧，我們可以參考自然界「雲霧」的形成原理。當空氣的溫度下降時，氣體分子的運動也會隨之減緩，空氣中的水分子（氣態的水，水蒸氣）就會凝結成懸浮的小水滴，變成雲霧了。

**空氣溫度降低導致水分子凝結**

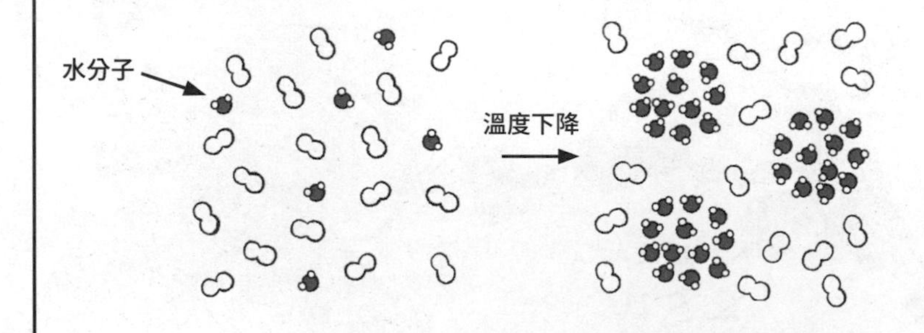


當空氣的溫度下降時，空氣中的水分子就會凝結成懸浮的小水滴。這些水滴會散射光線，讓我們有霧茫茫的感覺。

從雲霧的科學原理知道，製作煙霧忍具有兩個關鍵：空氣中要有大量的水蒸汽以及控制溫度下降。大量的蒸汽才有機會形成液滴，而形成液滴的關鍵就是想辦法讓溫度下降。

**準備蒸汽來源**

因為酒精比水更容易蒸發到空氣中，所以先準備 75% 消毒用酒精。

**控制溫度下降**

可以運用物理學的「絕熱膨脹」原理。將 75% 消毒用酒精倒入寶特瓶，並用打氣筒打氣增加瓶內氣壓；然後瞬間打開寶特瓶，讓高壓氣體快速衝出。因為瓶內的氣體要「推開」外界的空氣，就會把能量往外傳遞，導致瓶內氣體的內能下降，造成瓶內溫度下降，讓酒精分子與水分子凝結成懸浮的小液滴，成為煙霧。

# 實驗兵工廠

## 材料與工具

- □ 打氣筒（可以裝上球針）1 個
- □ 球針（籃球充氣用）1 個
- □ 矽膠塞或橡膠塞（7 號，上徑 26 毫米 下徑 20 毫米）1 個
- □ 空寶特瓶（約 600 毫升）1 個
- □ 75% 消毒用酒精

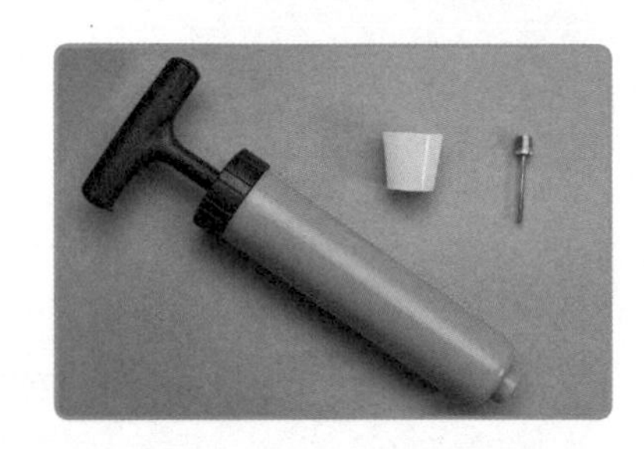

## 實驗步驟

1 將球針刺穿矽膠塞。

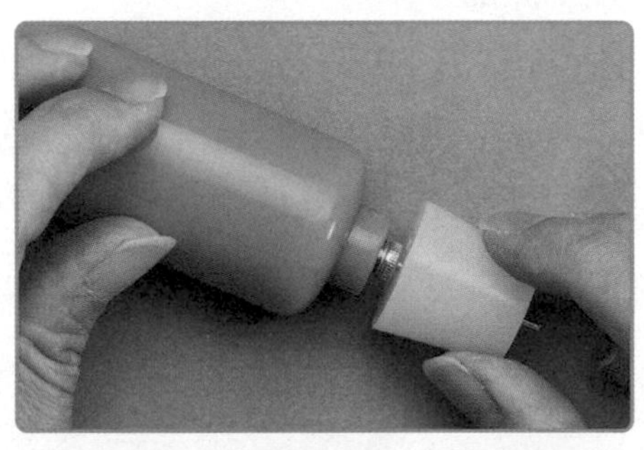

2 將步驟 1 完成的零件，透過球針安裝到打氣筒的吹氣口上。

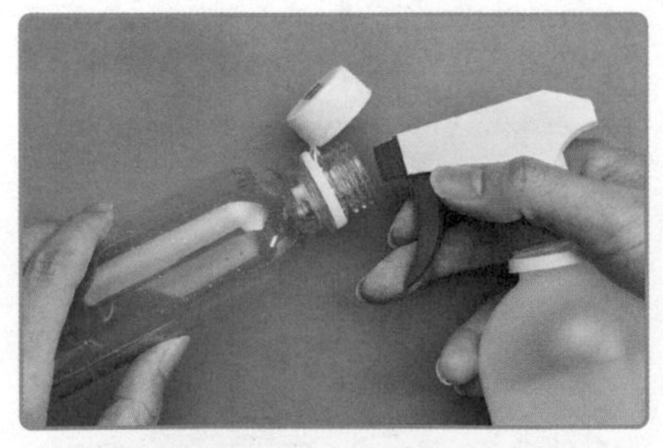

3 在空寶特瓶裡加入一些消毒用酒精，大約 5cc（大約壓 3～5 下）。

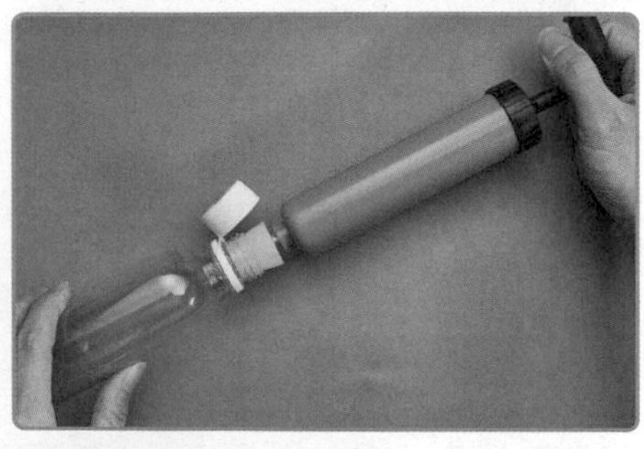

4 把打氣筒上的矽膠塞，塞住寶特瓶瓶口並用力壓住打氣。

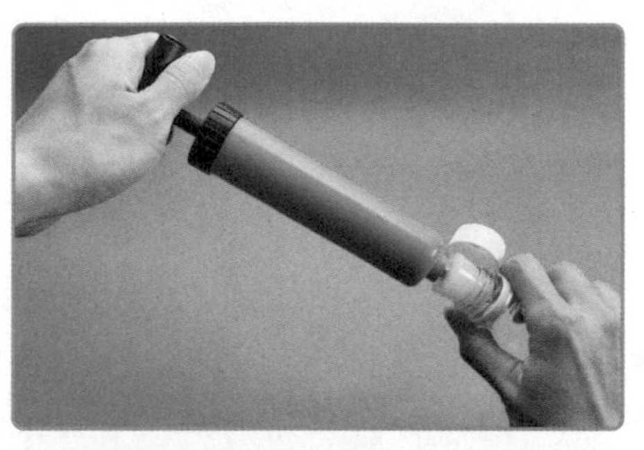

5 打氣至明顯感覺到被瓶內氣壓推擠時，就停止打氣。

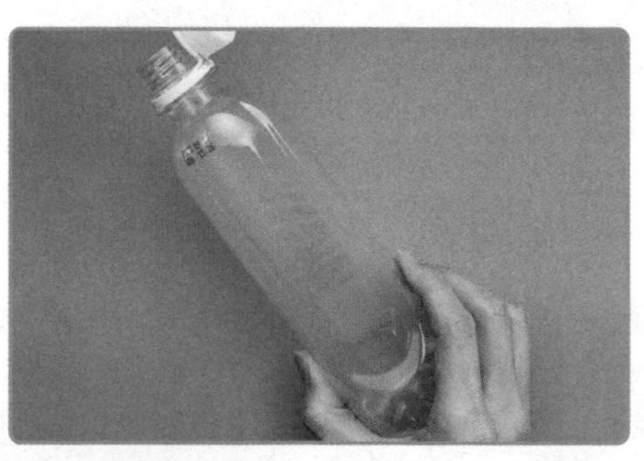

6 把打氣筒快速抽離寶特瓶，就可以看到寶特瓶內有大量煙霧產生。

## CHALLENGE++

如果忍者要使用這種「消毒酒精煙霧彈」，想必在丟出去之前，敵人都知道你準備要逃跑了。畢竟前期的準備動作這麼多，想要裝做沒看到真的很難。

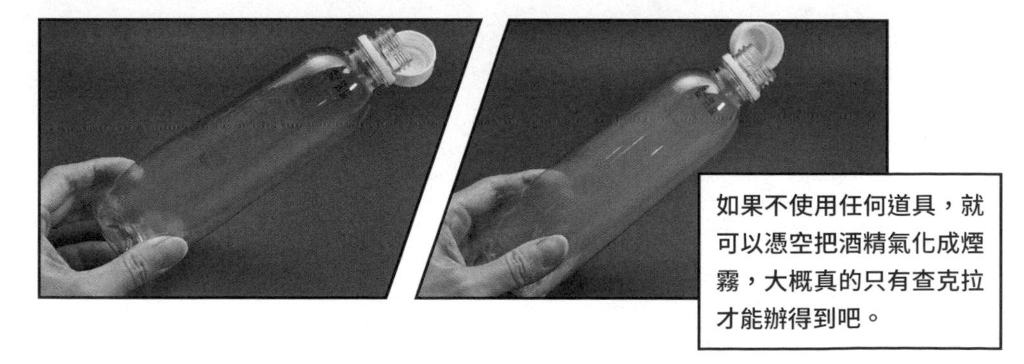

如果不使用任何道具，就可以憑空把酒精氣化成煙霧，大概真的只有查克拉才能辦得到吧。

為了同時兼具隱身和突襲效果，煙霧彈就需要朝著小巧又能瞬間發出大量煙霧的方向設計改造。請嘗試尋找資料，找找看是否有符合這個效果的實驗吧！

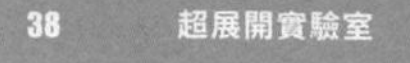

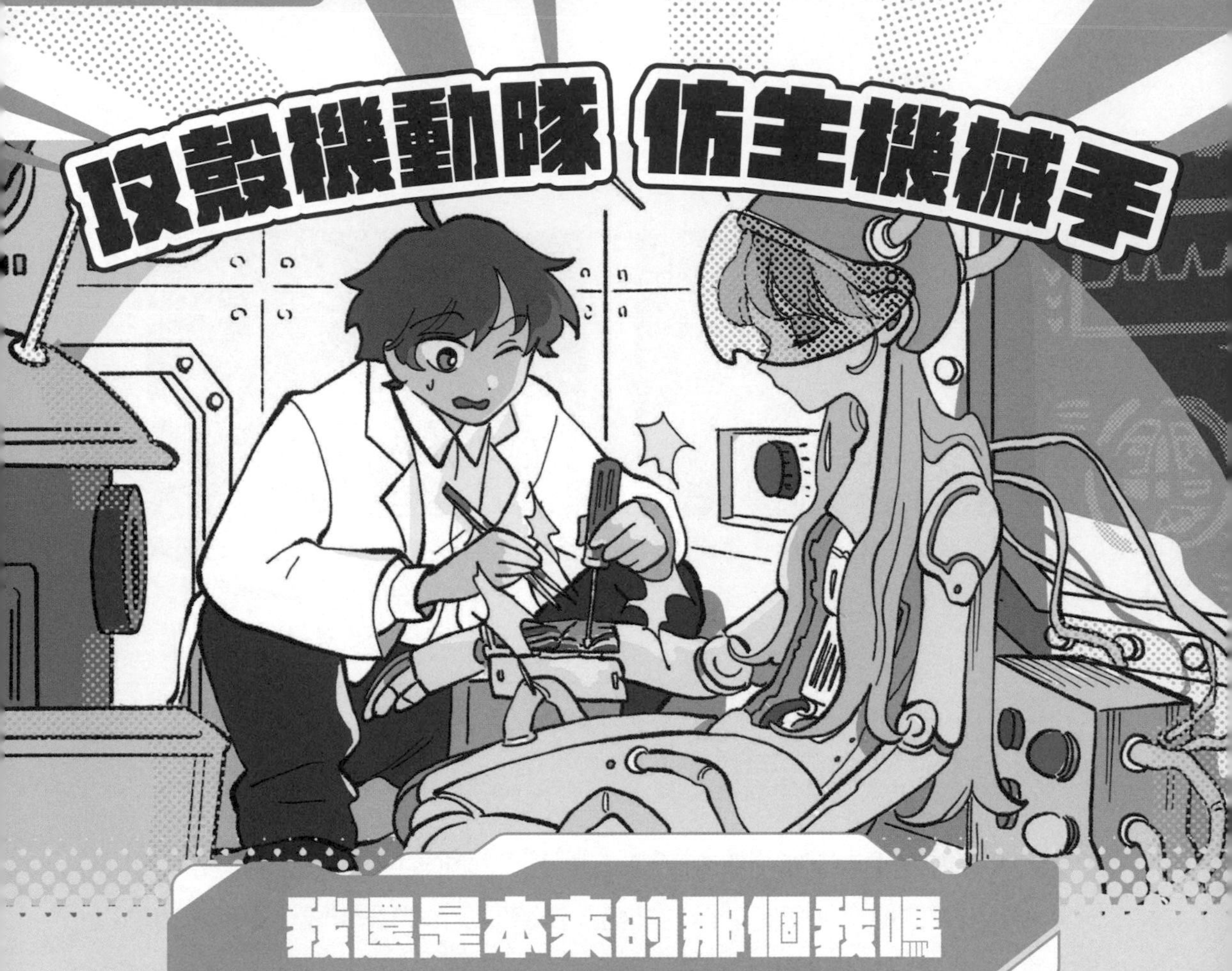

# 攻殼機動隊 仿生機械手

## 我還是本來的那個我嗎

你有沒有想過，如果身體受傷、老化，只要像修理機器一樣，直接換上新配件就好，是不是一件很不可思議的事？其實現在醫學科技已經可以辦得到，像是老年人的膝關節退化可以用人工膝關節置換；白內障患者可以換一個人工水晶體來恢復視力。當我們走在路上時，搞不好就和這些身體有一部分被「改造」過的人擦身而過。

如果從科幻角度來看，這可是非常有爆點的情節。因為接受部分人體改造，或是植入人工機械或電子裝置的人，都可以稱為生化改造人！原本屬於科幻情節的設定，瞬間就在現實生活中實現。以目前科技發展的速度來看，或許將來就像是科幻作品一樣，有更多的人體部位可以被置換、改造，甚至強化。那問題來了：「我還是本來那個我嗎？」

日本動漫《攻殼機動隊》就是在一個充斥著生化人、改造人的近未來世界裡，探討靈魂與身體的問題。在這個世界裡，許多人都接受了相當大幅度的身體改造，甚至有的人只剩下大腦是「原版的」。

故事裡的主角草薙素子，隸屬於專抓網路罪犯「大腦駭客」的公安九課。草薙素子就是一個只剩大腦的生化改造人，身上的特殊改造除了可以展現強大機動力，在大樓間跳躍追捕罪犯；更可以透過腦機介面，將大腦直接連上網路，展現駭客能力。公安九課的其他成員也有著各種改造能力，像是狙擊手齋藤的義眼，就具有超乎常人的瞄準對焦能力。

雖然現實中，人體的改造僅限於醫療上，但是有些科技公司已經研發出可以輔助人類行動的體外裝置，像是可以幫忙搬重物的機械手臂和外骨骼裝置。只要穿上這些裝置，就可以展現出超越人類的力量，就如同科幻情節裡改造人一樣。

## 科學戰略室

外骨骼動力裝置的靈感來自於科學上的仿生概念——也就是模仿生物。意思是科學家研究生物的構造或功能，並透過當中的科學原理，發展出新的科技應用。

而外骨骼指的是像蝦蟹、昆蟲等節肢動物的骨骼是生長在身體最外面、包覆並支撐整個身體。這些外殼能夠保護身體，也有助於在惡劣的環境下生存，所以成為科學家進行仿生學習的對象，希望能運用科技來為人類加上機械外骨骼，不但可以得到更好的保護，也能增加人體的強度及力量。

螃蟹在 X 光照射下，可以看到骨骼是包覆在身體外面。

具備動力來源的外骨骼裝置又被稱為動力裝甲或動力服，它利用感測器偵測人類的動作，然後使用動力驅動外骨骼裝置加強人類的力量。世界上最早的動力外骨骼是 1965 年由美國奇異公司所開發的 Hardiman，它可以使人類的力量放大 25 倍，但是因為外骨骼本身就重達 680 公斤，所以並不實用。現在世界各國都還在研發動力外骨骼，希望能讓它早日實用化。

現在動力外骨骼開始嘗試應用在需要大量勞力的工作，以及輔助行走不便的人。不過目前仍然需要克服重量以及動力來源。

目前科學家還研發出不具動力來源的外骨骼裝置，雖然不像動力外骨骼一樣可以增加力量，但是卻可以利用機械結構來減輕人類的工作負擔，或是增加人類的運動範圍。這次我們要設計出一個簡單的連動裝置，驅動外骨骼機械手，體驗一下將人類動作加以「延伸」出去的感覺。

## 實驗兵工廠

**材料與工具**

- ☐ 瓦楞紙板（約 45x30 公分）2 片
- ☐ 免洗塑膠吸管 10 支
- ☐ 綿線 1 卷
- ☐ 仿生機械手紙模
- ☐ 切割墊、美工刀、直尺、熱熔膠槍、雙面膠帶

**實驗步驟**

1 在仿生機械手紙模背後的四個角落貼上一小塊雙面膠帶，將紙模暫時固定在瓦楞紙板上。

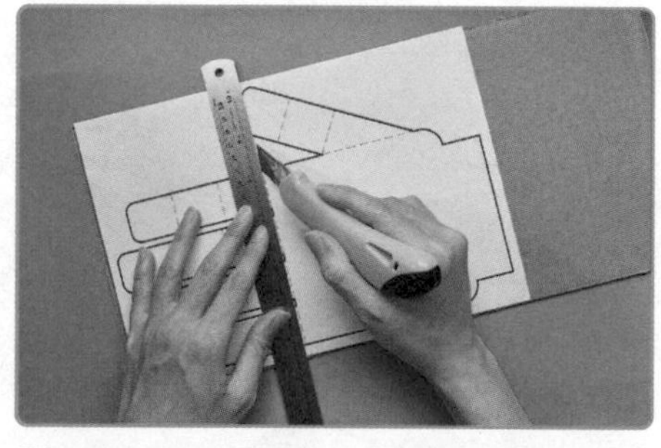

2 使用美工刀的刀背，在紙模上的虛線上刻出凹痕，方便之後對摺。

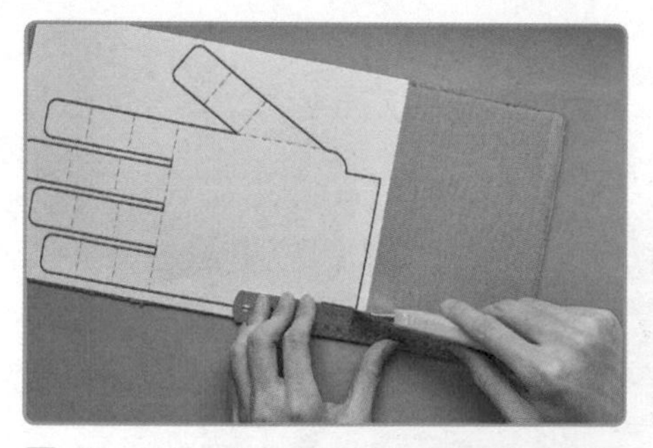

3 使用直尺將紙模手腕的末端延長切割。延長的長度是用來放置手掌的空間，所以長度可以比手掌長一些。

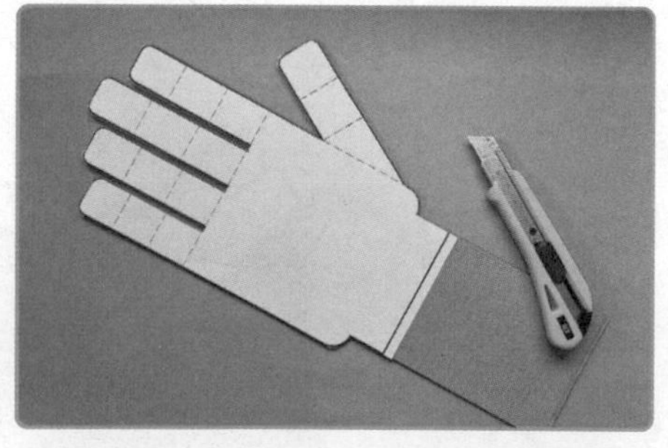

4 使用美工刀裁切下完整的手掌與末端延長區域。

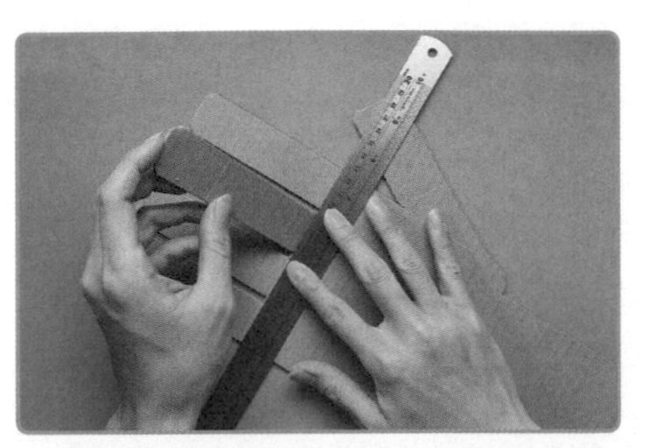

5 利用直尺輔助，摺彎所有關節處。也就是步驟 2 做出的刻痕。

6 將吸管剪成 2 公分一段。一共需要 14 段。

7 使用熱熔膠將 14 根吸管段，黏在所有指節中間。

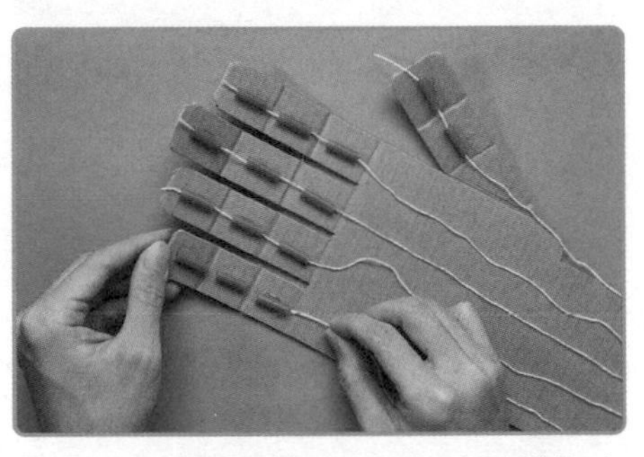

8 抽出一條綿線，長度約是手模指尖到手掌延長末端的距離。從手掌開始，穿過每個吸管段到指尖穿出。

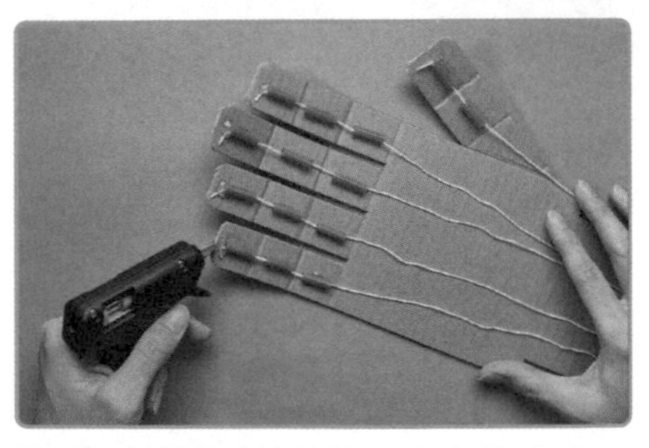

9 使用熱熔膠將綿線固定在指尖處。

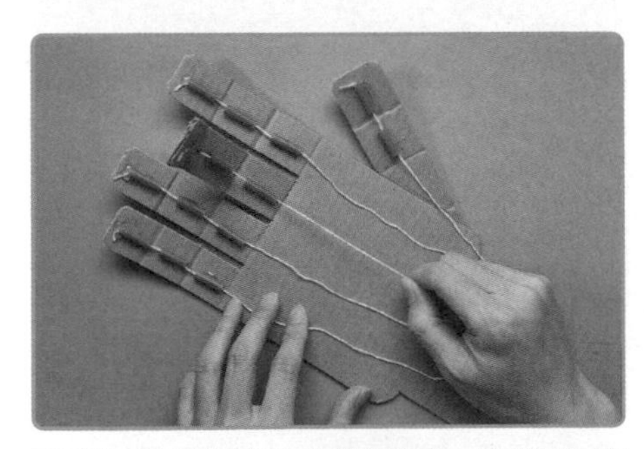

10 等待熱熔膠確實凝固後，再拉動棉線測試手指可以順利彎曲。

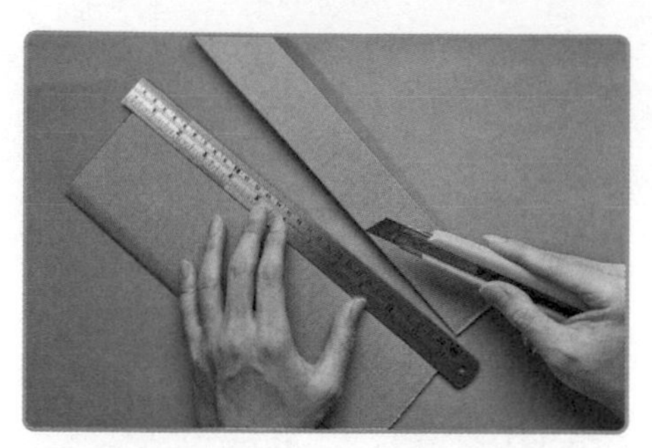

⑪ 裁切一片 30×5 公分的瓦楞紙板。

⑫ 將瓦楞紙板繞在手掌上，不需要完全密合，留下抽出手掌的空間。

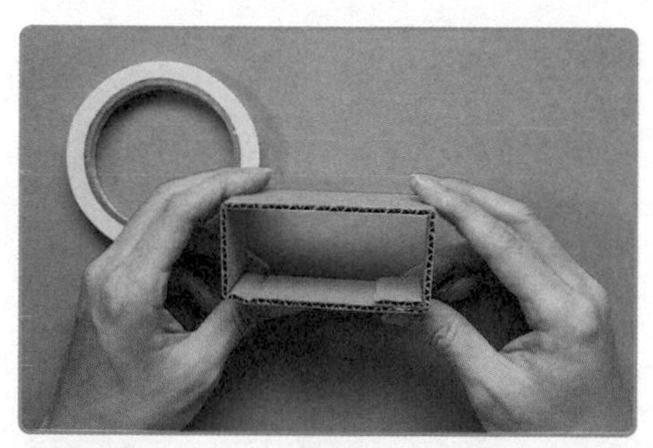

⑬ 將步驟 12 的紙板，使用雙面膠固定成一個紙環。

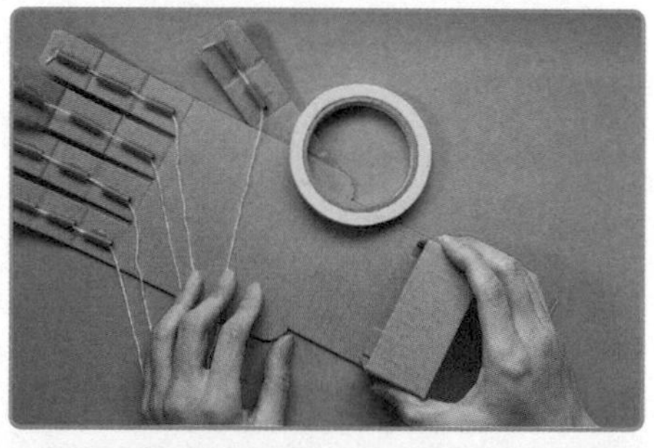

⑭ 將瓦楞紙環用雙面膠黏貼在手掌預留位置上。

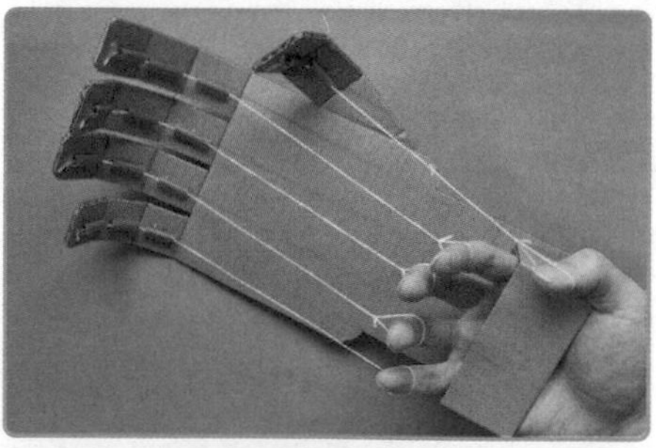

⑮ 將右手穿進紙環並伸出食指，將機械手臂食指的綿線綁一個繩圈套在手指上。完成剩下 4 根手指繩圈。

⚠注意：繩圈不需綁緊手指，保持可以穿脫的狀態。棉線長度也可以依據手指調整。

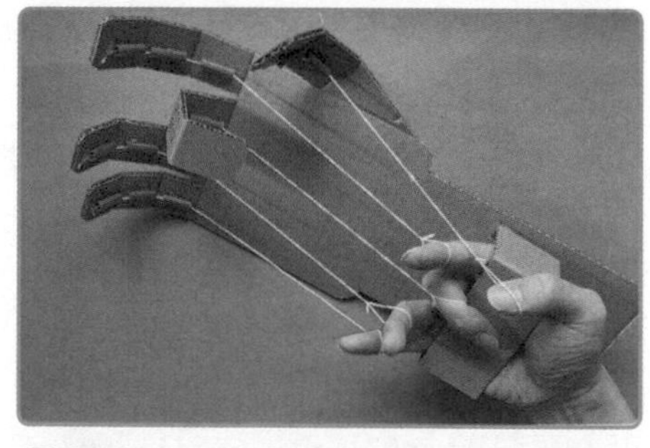

⑯ 彎曲自己的手指，測試仿生機械手是否可以跟著手指彎曲而正常運作。

## CHALLENGE++

完成的仿生機械手是不是有讓你感受到「延伸」的感覺呢！延長的手臂、變大的手掌，除了氣勢驚人，還可以一口氣從遠處拿起三罐膠水。

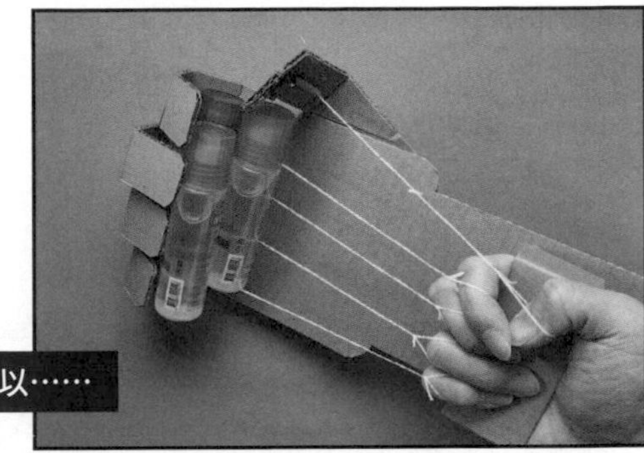

雖然用一隻「普通手」好像也可以⋯⋯

雖然一口氣拿起三罐膠水很厲害，但是要成功拿起超超超超大杯珍珠奶茶——最終大魔王，機械手還需要更多改造才行。你應該發現機械手手指抓握力量不夠強、手指也不止滑；還有手臂只有一張紙板的關係，所以強度不夠。因此，我們需要更多改造，打造一把超越漫威薩諾斯的無限手套的⋯⋯

### 無限大杯珍珠奶茶手臂

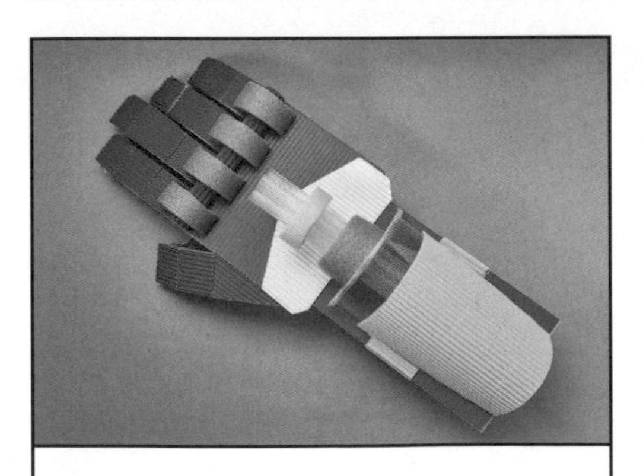

可以在手背上貼上瓦楞紙板加強強度和炫度。身為珍珠奶茶手臂，附有收納粗吸管的空間也是很合理的。

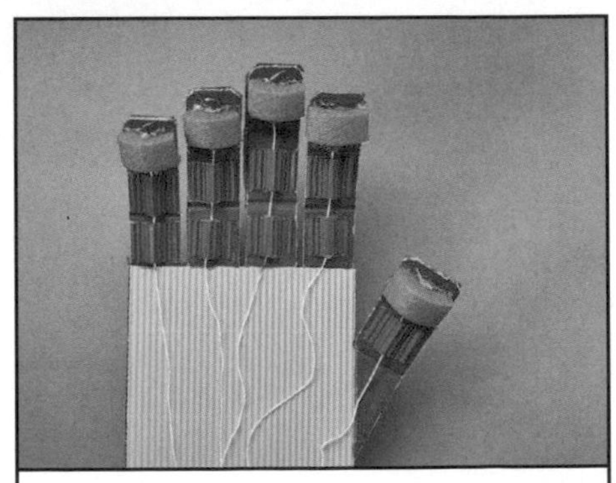

在指尖上加上增加摩擦力的泡棉塊，滑溜的塑膠杯也可以輕鬆握住。

你是不是發現「無限大杯珍珠奶茶手臂」還有其他改造可能性呢？這些改造都是為了能拿好一杯珍奶設計的。如果是需要其他用途，當然改造方式也會不一樣。嘗試找出生活中可以用機械手臂解決的問題，並且設計出專屬的功能與造型。

## 我的超展開實驗紀錄

# 仿生機械手紙模

請掃描 QRcode，下載紙模檔案。

列印時請選擇 A4 紙，原始尺寸。

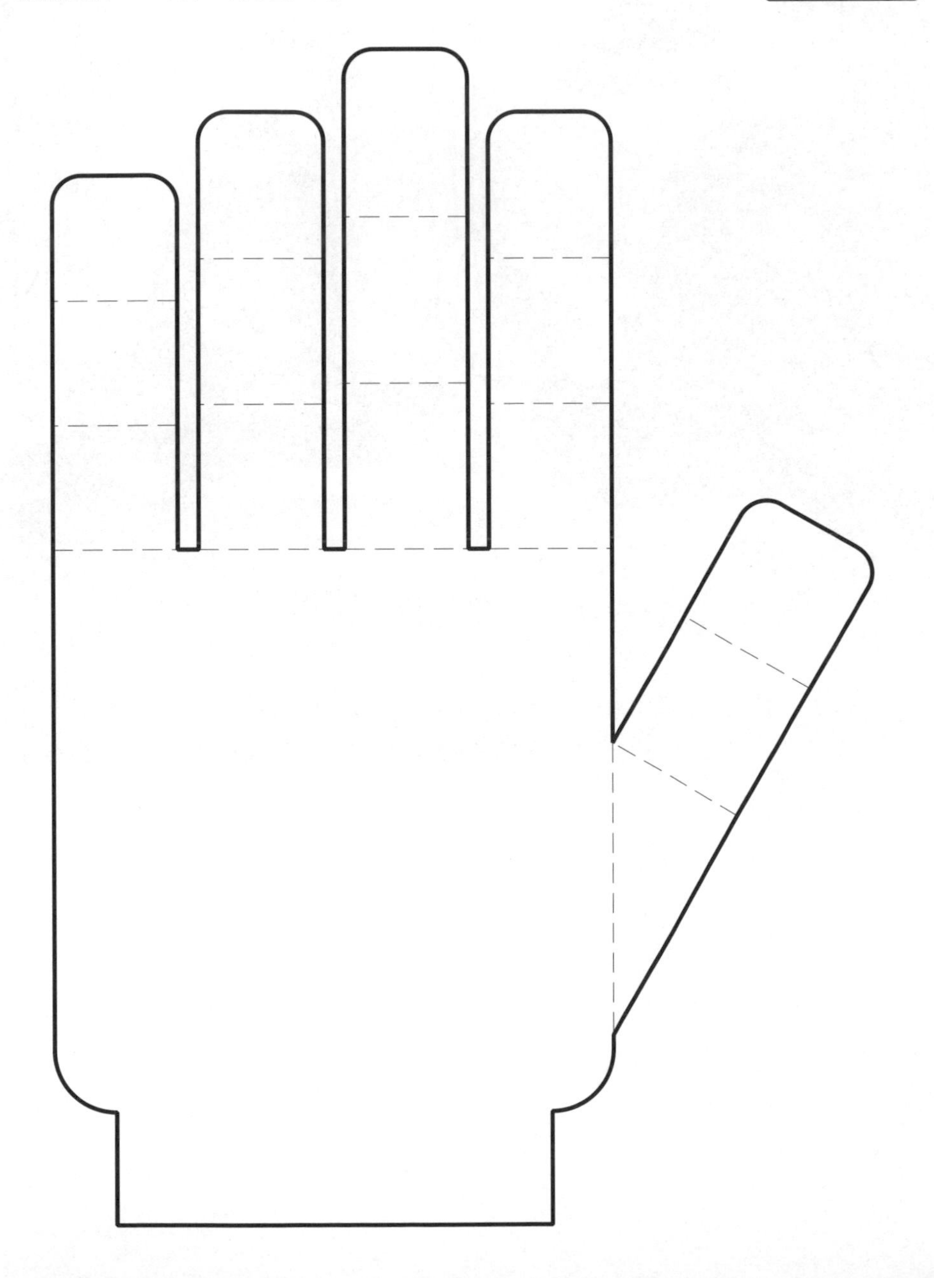

# 超人特攻隊 水上漂超能力

## 每個人都是獨一無二

如果我們住的城市都有超級英雄守護，是不是一件很棒的事！發揮超能力打擊罪犯，簡直酷炫無比；至於戰鬥中不小心把牆打穿、把房屋轟垮……應該可以原諒，對吧？

不過在美國動畫電影《超人特攻隊》裡，超級英雄的「不小心」破壞城市，反而被政府視為頭痛人物。政府面對不斷湧入的抗議，只能輔導英雄們隱藏超能力，改從事「正常職業」——至於維持正義的工作，就交給警察吧。

因此，主角巴鮑伯從一身神力的「超能先生」，變成面臨「中年危機」的公司小職員，整天看慣老闆臉色做事。妻子「彈力女超人」荷莉則是成為整天碎碎念的家庭主婦，面對孩子們的各種出包和不受控的超能力：大女兒小倩正值尷尬的青春期，大兒子小飛是個破壞力十足的小屁孩，小兒子小傑還是包著尿布的嬰兒。三個各有自己的超能力、也各有麻煩。

超人特攻隊主角一家人，每個超能力都不一樣：爸爸巴鮑伯力大無窮、身體無堅不摧；媽媽巴荷莉身體四肢具有強大的彈性，還可以任意改變身體；小倩則是能張開防護罩，具有隱形與念力；小飛是具有驚人速度的飛毛腿；小傑根本是超能力基因的大爆發，擁有高達 17 種的超能力。

這樣看來，巴小飛的超能力好像有點弱，甚至電影還出現巴小飛以超快速拳頭攻擊壞蛋，但是卻被壞蛋笑笑後一拳打飛。不過巴小飛利用「快」這個能力來誘導敵人，發揮了強大的威力，像是從陸地突然跑到水面上時，再利用轉向變化引誘兩個壞蛋飛行器對撞炸毀。

**如果像巴小飛一樣只會快速出拳，但是一點力道都沒有，就只能幫人搥背了。**

不過小飛可以快到水面上奔跑，在科學上是有可能的嗎？答案是當然可以，因為很多動物也能透過技巧在水面上站立甚至奔跑，像是水黽可以在水面上靜止站立並且優雅滑行；雙脊冠蜥甚至可以在水面上急速狂奔、躲避天敵。那我們人類是不是也可以做到呢？

# 科學戰略室

想要在水上行走、甚至奔跑，我們可以從大自然的生物行為找到靈感，並且研究其中的科學原理。能夠在水面上奔跑的代表生物是雙脊冠蜥，牠利用後腳掌快速拍打水面，產生足夠的反作用力來支撐體重。不過以人類的體重及腳掌大小來估算，人類的跑步速度必須要超過時速 100 公里才足以在水面上奔跑，這也只有具備超能力的超級英雄才做得到。

## 雙脊冠蜥的超能力

**水雖然是一種流體，但是只要接觸的時間夠短，在水還「來不及」流動的情況下，水的性質就會和固體相當類似，在受到外來的作用力時會還以反作用力。這就是雙脊冠蜥為什麼能在水面上急速奔跑的關鍵。**

如果對跑步沒有信心，只想要悠閒的在水面上散步，那不妨參考水黽，牠們是利用水的表面張力來支撐體重。表面張力來自於水分子互相吸引而喜歡聚在一起，不喜歡分開。因此，有物體要壓入水面時，水分子會一起對抗物體防止彼此分開，這股對抗的力量就是表面張力。

水的表面張力並不大，而表面張力的合力大小是和接觸面的周長成比例，所以水黽細細長長的腳就是為了要產生足夠大的合力來支撐體重。因此，我們想要利用表面張力在水上行走，那每根腳趾頭也要細細長長才行，雖然這不可能做到，但是可以嘗試製作各種道具來體驗一下表面張力。

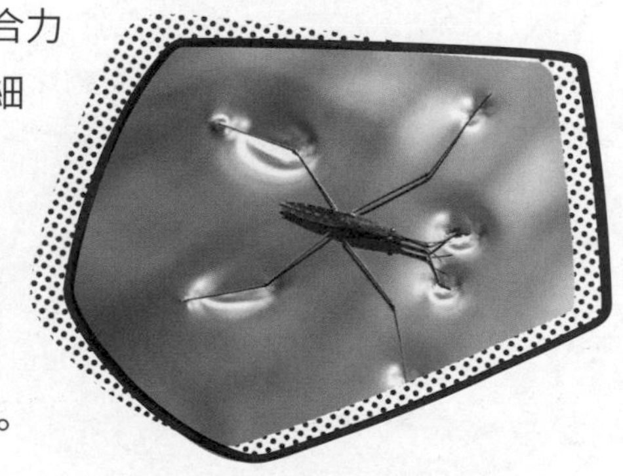

## 科技藍圖

水黽可不是光靠細長的腳就能浮在水面上，科學家仔細研究放大水黽的腳後，發現腳上還有許多纖毛狀的構造，進一步增加腳的周長。雖然纖毛狀很難製作，但是只要使用錫線和特殊捲法就可以模仿喔。

## 實驗兵工廠

### 材料與工具

☐ 銲錫線（線徑 0.5 毫米）60 公分

☐ 銲錫線（線徑 0.8 毫米）60 公分

⚠ 注意：如果沒有符合線徑的銲錫線，也可以選擇類似的。

☐ 水盆、尖嘴鉗、切割墊

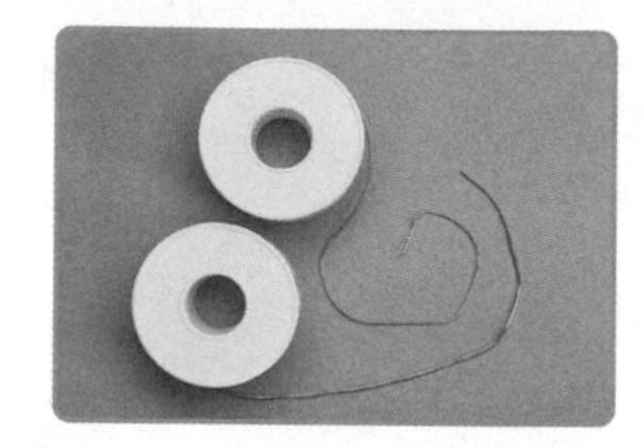

### 實驗步驟

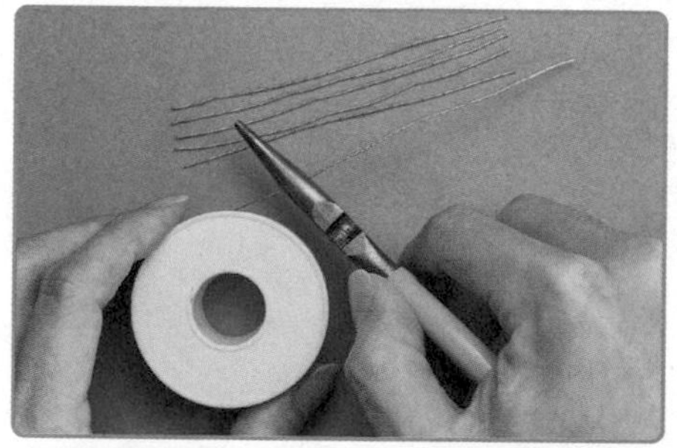

1 先取用線徑 0.5 毫米的銲錫線，用尖嘴鉗剪成 10 公分一段，共需要 6 段。

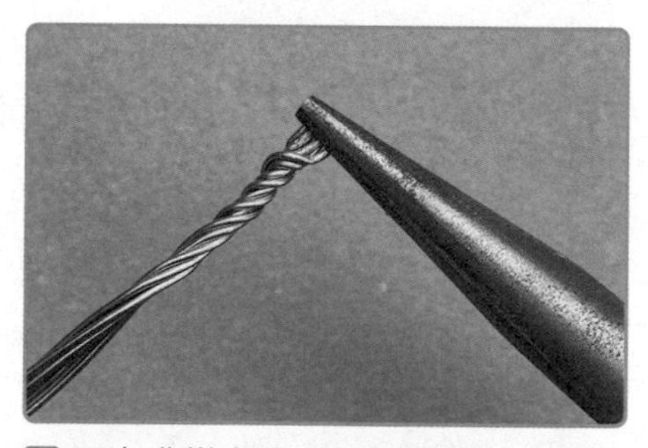

2 用尖嘴鉗夾住 6 條銲錫線的一端，將這 6 條銲錫線扭轉在一起，長度約 1.5～2 公分即可。

⚠注意：若使用尖嘴鉗不好操作，也可以用雙手，銲錫線很軟很容易操作。

3 將捲好的銲錫線另一端分開，呈現六等分。

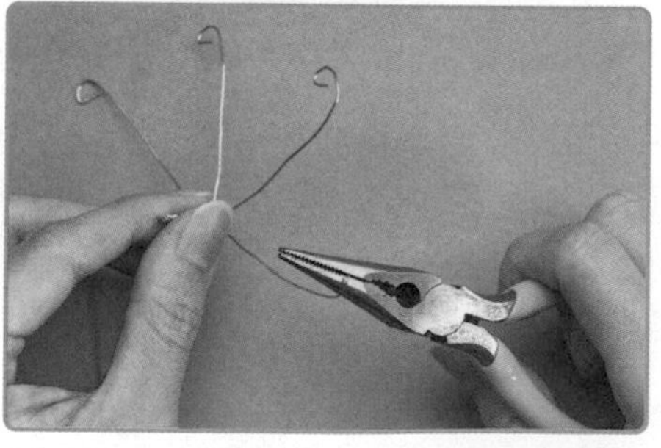

4 用手指將尾端捲起來，也可以使用尖嘴鉗。

5 捲好以後放在平面上壓平這六隻腳，並且盡量排列成六等分。

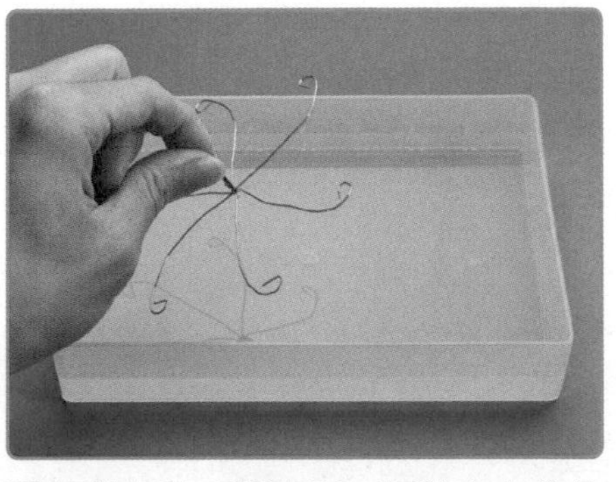

6 把做好的「假水黽」輕放在水盆的水面上，試試看能不能成功浮起？

7 假水黽確實可以浮在水面上，並且仔細觀察它的每一隻腳都是緊貼在水的表面，但是又不會沉下去。

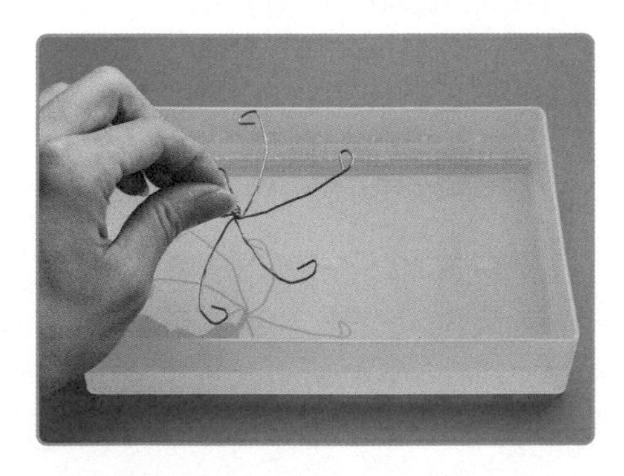

8 如果 0.5 毫米銲錫線可以成功，那就接著挑戰 0.8 毫米銲錫線，看看是否也能夠成功？

# CHALLENGE++

這隻完成後的「假水黽」可不是放在水上就結束任務，接下來要用科學的態度測量一隻假水黽可以負重多少重量？如此一來，搞不好就可以在我們的腳上裝上假水黽，實現在水上行走的能力。

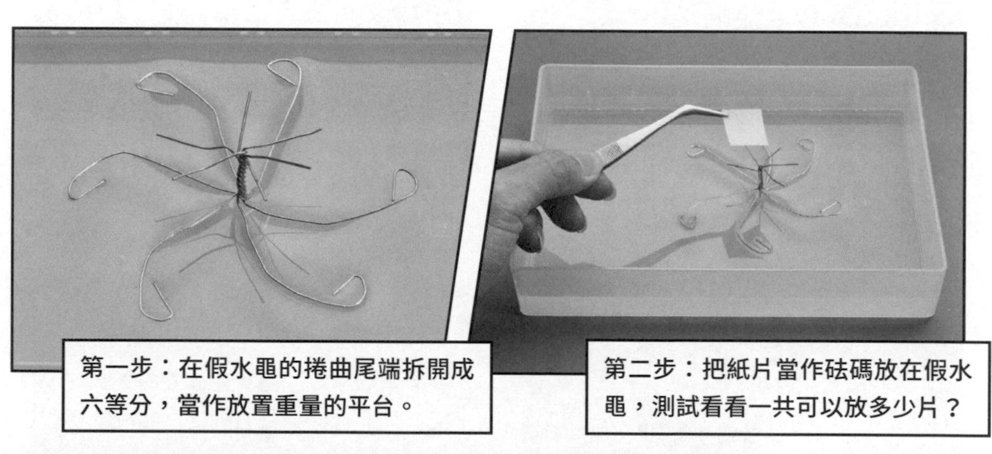

第一步：在假水黽的捲曲尾端折開成六等分，當作放置重量的平台。

第二步：把紙片當作砝碼放在假水黽，測試看看一共可以放多少片？

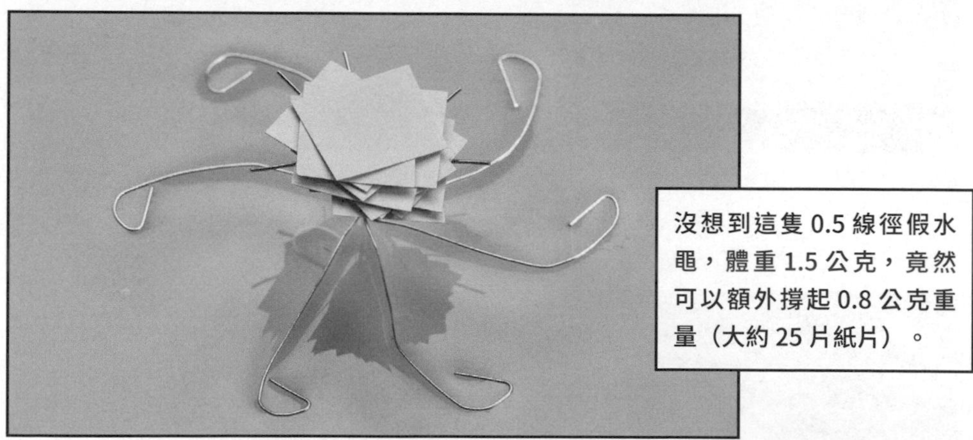

沒想到這隻 0.5 線徑假水黽，體重 1.5 公克，竟然可以額外撐起 0.8 公克重量（大約 25 片紙片）。

想想看，如果體重 60 公斤的人想要在水面上行走，腳上可能要裝上 75000 隻假水黽。當然你走路速度超過時速 100 公里，也是另外一種方法。沒想到小小的水黽身上，隱藏著自然界裡的奈米工程，希望有一天人類科技的進步，可以讓我們能夠在手上或腳上實現。

如果你還不甘心，人類怎麼可以輸給水黽，或許你可以嘗試各種材料，像是可以增加表面積的捲曲形狀，強化假水黽的載重能力。不管哪種方式，記得把你的想法記錄下來。

## 我的超展開實驗紀錄

# 黑豹 能量吸收戰衣

## Wakanda Forever

《黑豹》是電影漫威宇宙在 2018 年上映第 18 部電影。劇情描述一個與世隔絕的非洲國家所發生的王位爭奪戰。雖然現實中的非洲在歷史上被奴役的紀錄血跡斑斑；並且與歐美國家相比，經濟或是科技水準仍然相對落後。可是《黑豹》的設定卻顛覆這個想法，電影裡與世隔絕的非洲國家「瓦干達」，表面上刻意偽裝成落後的農業國家，實際則是全世界科技最先進的國家。人民在擁有守護神黑豹力量的國王帝查卡領導下，坐擁神奇「汎金屬」礦山與各種黑科技，過著和平富足的生活。

但是由於外界的科技也逐漸進步，想要維持這種隔離式的和平也慢慢變得不容易。因此，瓦干達派遣了許多特務到各國，以掌握世界的動態。其中國王帝查卡的弟弟尼喬布看到其他國家的紛擾征戰，以及非裔同胞依然受到不平等的待遇，暗中決定要利用瓦干達的黑科技來肅正這個混亂的世界。

不過這麼一來，尼喬布就違反了瓦干達不干涉外面世界的原則。得知此事的帝查卡國王為了維護傳統前往阻止，但卻失手殺死了弟弟，留下弟弟年少的兒子齊爾蒙格。而故事就從長大成人並且知道自己身世的齊爾蒙格，回到了瓦干達對國王的兒子──「黑豹」帝查拉，展開復仇之戰開始。

電影中所展現的瓦干達黑科技，最有看頭的當然是主角帝查拉身上的黑豹戰衣。這件戰衣平常可以收納在一條項鍊裡，需要著裝時再從項鍊中釋放出來包覆全身。戰衣在受到攻擊時除了可以吸收對方攻擊的能量、減低傷害；還能儲存這股能量，在適當的時機釋放出去反擊敵人。

**黑豹戰衣不僅可以保護身體，還可以吸收外界能量後再一舉放出，擊退敵人。**

黑豹戰衣這種兼具攻守能力的好裝備，是來自於汎金屬與奈米科技結合。雖然在現實世界中不存在著汎金屬；奈米機械技術進展也還沒有到可以在家裡自製戰鬥服的程度。儘管如此，我們還是能利用「壓電效應」，來得到類似黑豹戰衣吸收衝擊力，轉化為可供使用能量的效果喔！

壓電效應是指特殊材料可以將外力的「力學能」轉變成「電能」。不過壓電效應的發現可不是來自於瓦甘達，而是在 1880 年，法國物理學家皮耶·居禮及雅克·居禮兄弟發現將石英等晶體施加壓力、產生形變，導致晶體內部電荷分布產生變化，使得晶體表面一面帶正電、另一面帶負電。這樣不均勻的電荷分布造成了電位差——也就是電壓，可以用來驅動電路，輸出電能。

**石英晶體的壓電效應**

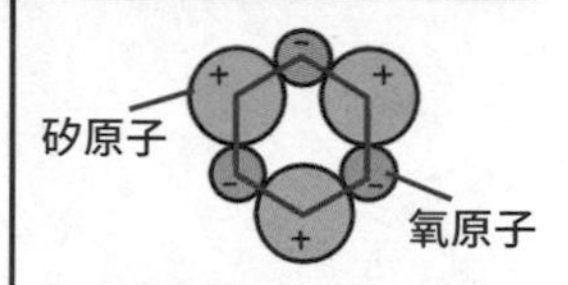

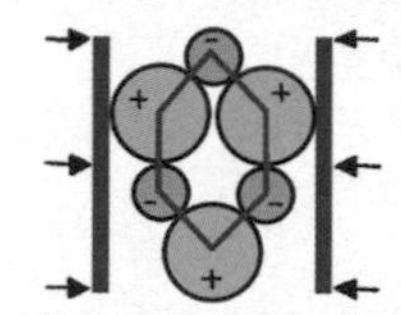


石英晶體受力壓縮後

石英晶體（二氧化矽，$SiO_2$，紅色六角形）受力壓縮後，其中一個表面因帶負電的氧原子更加靠近表面而帶負電、另一個表面也因類似的現象而帶正電。

而現今最被廣泛運用的壓電材料則是 PZT（鋯鈦酸鉛），它是一種具有明顯壓電效應的陶瓷材料，只是原理和石英晶體有點不同。PZT 在原子結構上有著不對稱性，由於帶正電的鋯原子和鈦原子偏向一邊，所以材料整體的表面上會呈現「一面帶正電、另一面帶負電」的現象，這樣的現象叫做「極化」。

平時這些帶電的極化表面會吸附了許多外界的自由電荷，一旦這個材料受到外力而壓縮，兩個極化表面所帶的正負電彼此靠近，極化的強度就會減弱，表面上所吸附的自由電荷也就被放出，將電能對外輸出。由 PZT 受壓所產生的電壓可以相當大，甚至能用來造成放電火花，所以常被應用於打火機之類的點火裝置。

**PZT 的壓電效應**

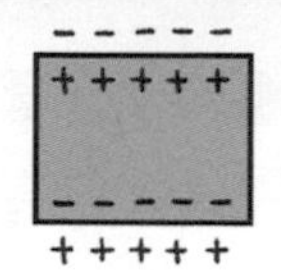


PZT 因為極化的關係，表面吸引了許多正電荷與負電荷。

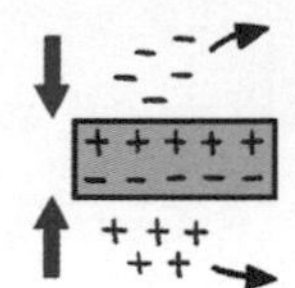


PZT 受到壓力時，內部正負電彼此靠近，極化強度減弱，讓原本吸引的正負電荷放出，形成電流。

在接下來的實驗中，我們就利用 PZT 來把各種攻擊中所蘊含的力學能轉變成電能吧。

雖然 PZT 聽起來是種非常陌生、又高科技的材料，但實際上卻是常常出現我們生活周遭，而不是一種會被國防部列管的機密材料。PZT 陶瓷片可以在「壓電式蜂鳴器」中找到，這種蜂鳴器常常出現在警報器，發聲小玩具等，透過通電讓 PZT 彎曲，帶動金屬片震動發出聲音。

壓電式蜂鳴器內部的主要構造是一片 PZT 陶瓷片附著在一片金屬片上，當我們折彎或是敲擊 PZT 陶瓷片時，就會產生電能。

# 實驗兵工廠

## 材料與工具

A
- ☐ 鱷魚夾電線 2 條
- ☐ 帶線壓電片（蜂鳴片、直徑約 3 公分）1 個
- ☐ LED （建議紅色）1 顆

- ☐ 泡棉（A4 尺寸、1.5 ～ 2 毫米厚）1 片
- ☐ 剪刀、雙面膠帶、熱熔膠槍、切割墊

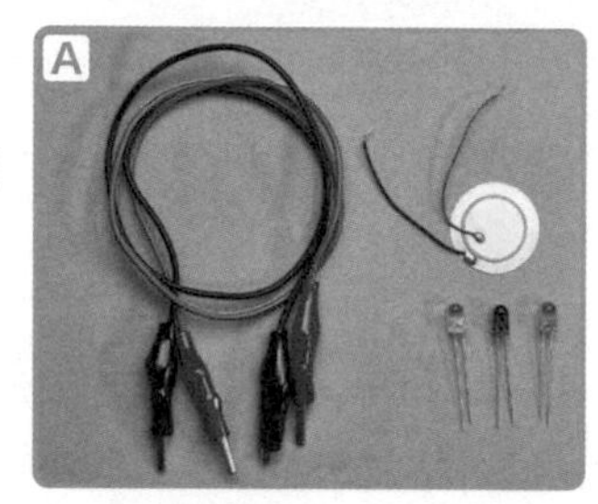


## 實驗步驟

1 用熱熔膠把壓電片上的銲接處包覆起來，可以防止電線因為敲擊而脫落。

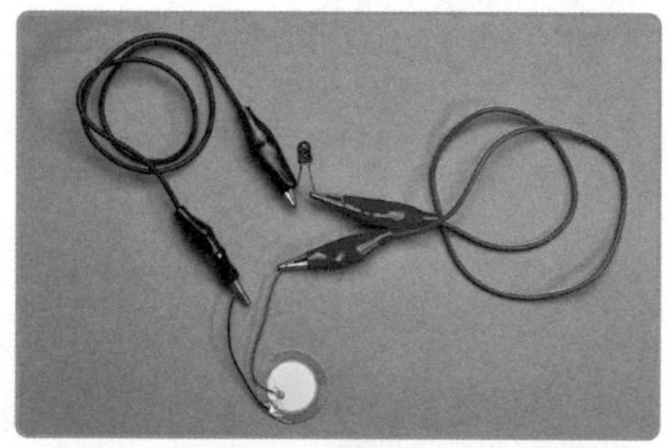

2 使用 2 條鱷魚夾電線，依照照片指示，分別連結 LED 和壓電片的電線。

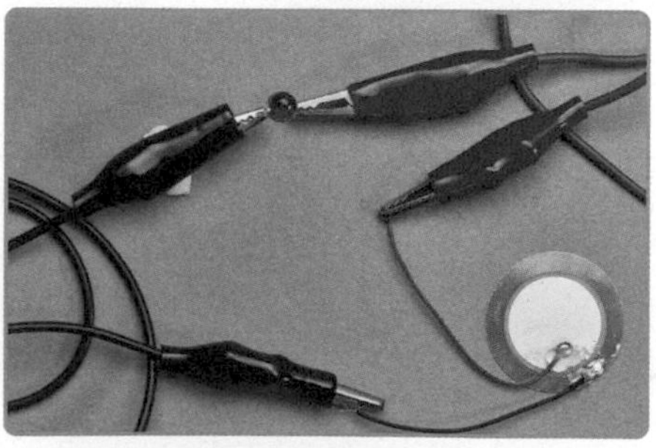

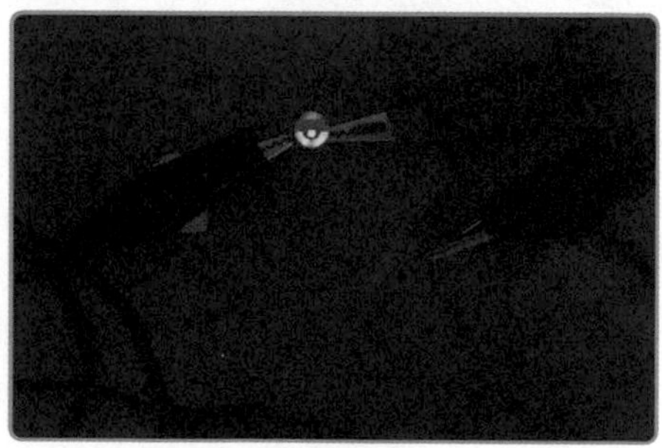

3 試著輕捶壓電片觀察 LED 有沒有亮起紅光，如果沒有可以慢慢增加捶打的力量。

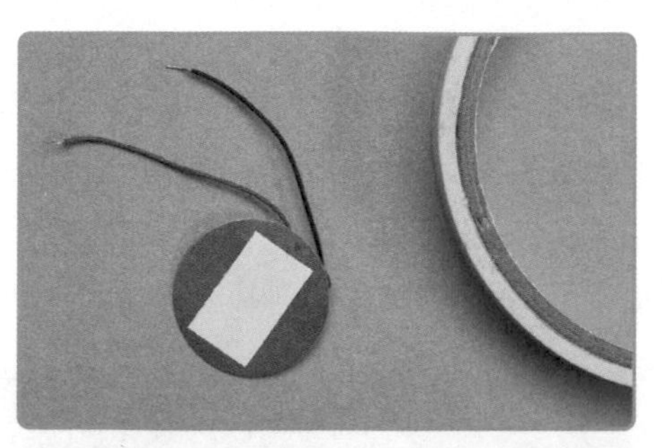

4 將壓電片翻至背面，並剪一小段雙面膠帶黏在背面。

⚠注意：在進行步驟 4 前，可以先移除鱷魚夾電線和 LED。

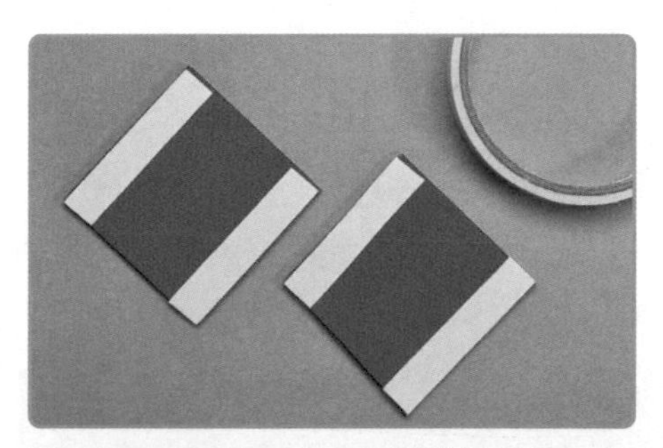

5 剪取兩片邊長 8 公分的正方形泡棉，並在正方形泡棉兩邊各黏上一條雙面膠帶。

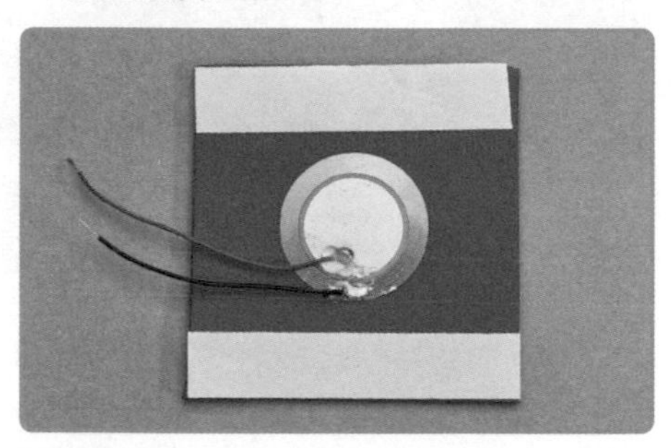

6 撕去步驟 4 的壓電片背後的雙面膠，並黏在步驟 5 的泡棉正中間。

7 撕去另一片泡棉上的雙面膠背膠並轉 90 度，讓兩條雙面膠帶與另一片泡棉上的雙面膠帶成垂直方向相黏。

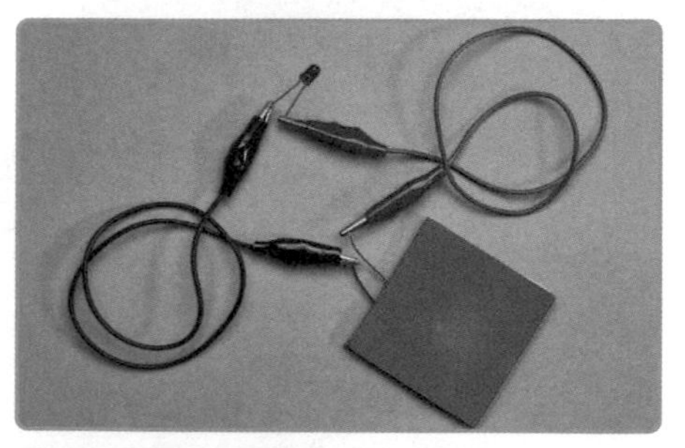

8 重新接上鱷魚夾電線和 LED，完成壓電片裝置。

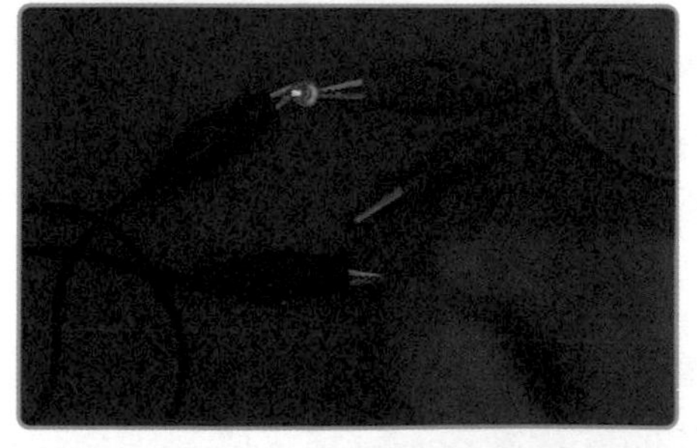

9 注意壓電片的位置，用手捶打壓電片，就可以讓 LED 發光。捶打的力量越大、發光強度就越強！

# CHALLENGE++

這個能量衝擊戰衣……的雛型，似乎離整件完整的戰衣還有好長一段距離，像是捶打時容易讓鱷魚夾電線脫落，過長的電線和 LED 也不好固定在身上等。必須還要進一步改造，才能追上電影的設定。

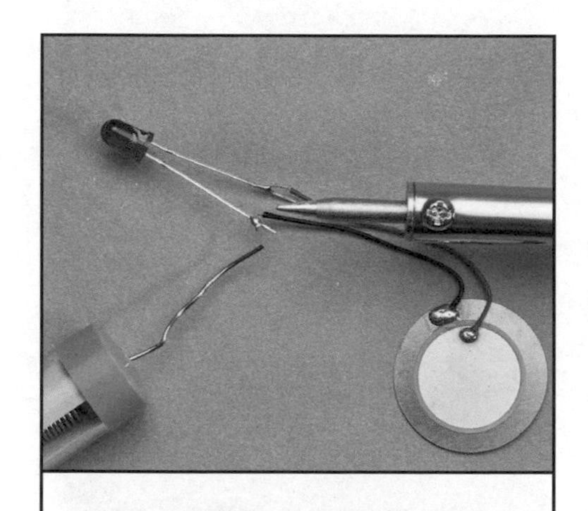

如果你會銲接的話，就可以捨棄鱷魚夾電線，直接將電線銲接上 LED。

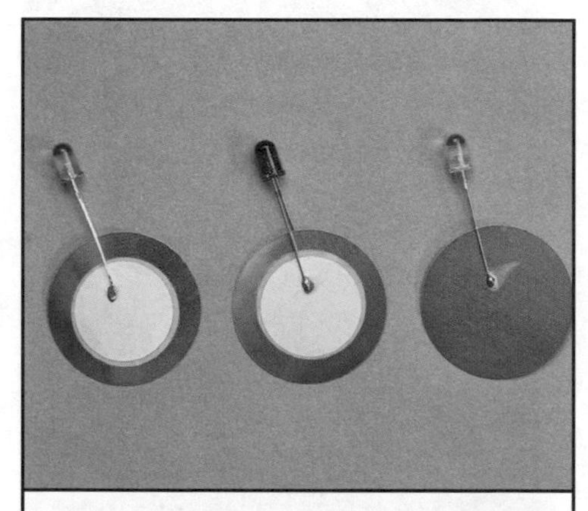

甚至購買沒有電線的壓電片，直接將 LED 銲接上壓電片，就可以獲得更小的裝置。

不過壓電片也不是無堅不摧，壓電片的白色部分是一片薄薄的陶瓷，如果大力凹折，也會裂成碎片，失去壓電功能。

果然這個只會發光、還無法抵擋強烈攻擊的壓電裝置，還是離真正的黑豹戰衣很遙遠。電影跟現代科技一比，瓦干達的黑科技實在超越現實世界太多，而我們只能等待未來的科學家多努力了。

等等，或許你可以先嘗試看看，找出將壓電裝置發出的電能儲存起來的方法，如此一來，就可以隨時取用電能，以及累積更多的電力來驅動馬達，或是其他動力裝置。

## 我的超展開實驗紀錄

如果說超人是現在美國英雄漫畫的起源，那麼代表著女性英雄的漫畫，或許可以追溯到神力女超人。《神力女超人》最早以漫畫誕生於 1941 年，設定上借用了希臘神話中，全為女戰士組成的「亞馬遜族」。亞馬遜族是眾神之王宙斯死前以最後的力量所創造，用來守護人類、並對抗意圖滅亡人類的戰神阿瑞斯。族人居住在「天堂島」這個與世隔絕、擁有隱形屏障的海島，他們身上流有半人半神的血統與接近天神的力量，在島上守護著足以毀滅戰神阿瑞斯的弒神之劍。

電影背景正處第一次世界大戰，天堂島的公主黛安娜——神力女超人，因為意外出手救了墜機島上的男主角史提夫，導致天堂島被外人發現，隨後更遭遇德軍襲擊。黛安娜也因此不顧母親反對，決意走入凡人的世界，執行守護人類的使命。在捲入第一次世界大戰的漩渦中，黛安娜逐漸瞭解自己的使命與成長，最後與偽裝成人類的戰神阿瑞斯展開最後的決戰。

有別於一般超級英雄電影，那種不論好人壞人都動不動破壞城市、或是各種電光石火的超能力展示，這種力量與戰鬥的聲光效果只佔神力女超人的一個小環節。在神力女超人的動作場面中，反而將力量與破壞、柔美與優雅，這兩種看似矛盾的特性融合得淋漓盡致，讓這部作品的動作場面除了精彩度不輸其他超級英雄電影之外，也具有獨樹一格的特色。

不過這不代表神力女超人的力量遠輸給超人，在優雅的外表下可是能接下人類的槍砲、以及超人的熱視線攻擊。更不用說，神力女超人也是會飛呢！除了本身的力量之外，神力女超人也擁有許多來自天神贈與的神器。這個單元，我們就來研究「星光飛冕」的迴力鏢原理，並且製作一個專屬自己的迴力鏢吧！

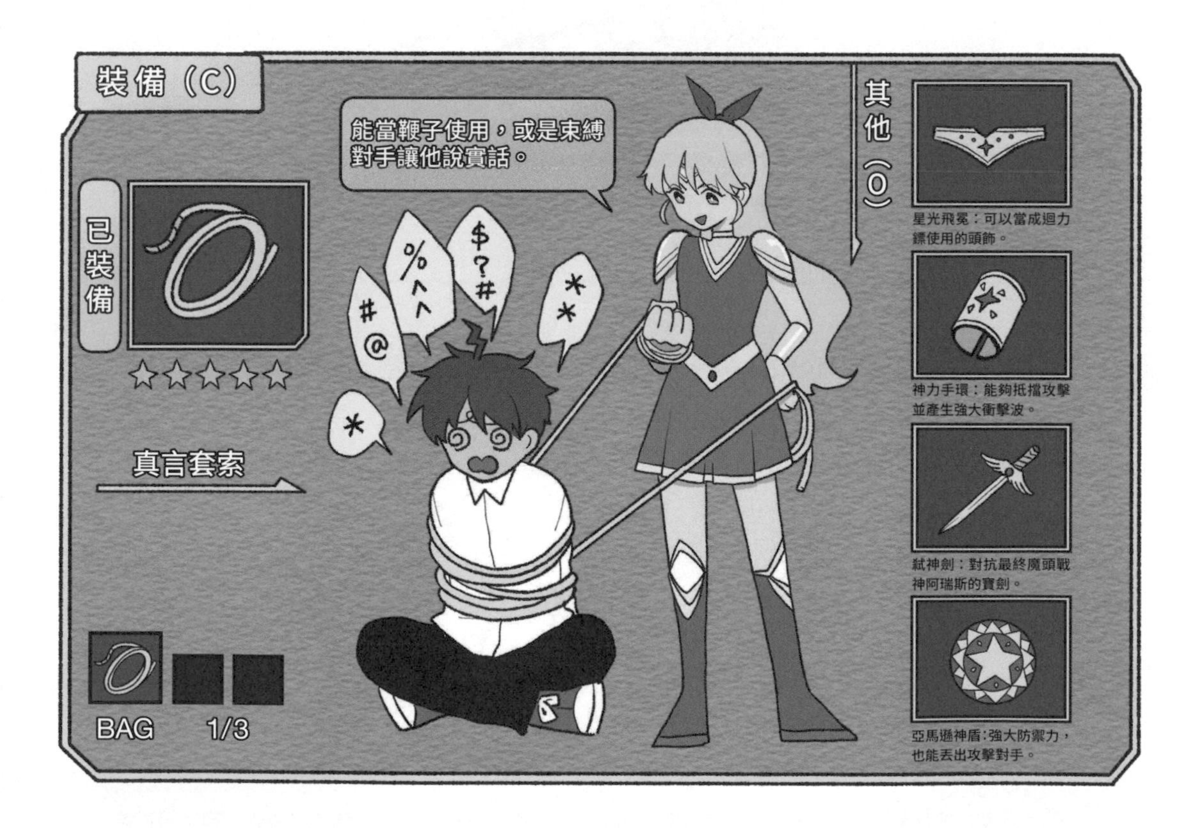

# 科學戰略室

你可能想不到，迴力鏢能夠射出去又飛回來的原理，其實跟飛機的飛行原理是相通的。飛機的飛行原理來自於機翼形狀，機翼上方是一個弧面，而下方則是平面。當飛機準備起飛，開始向前滑行時，根據白努利定律 ※，流經機翼上方的空氣速度較快、空氣壓力較小；而流經機翼下方的空氣速度較慢、壓力較大，所以下方的空氣會把機翼往上推，讓飛機得到升力而起飛。

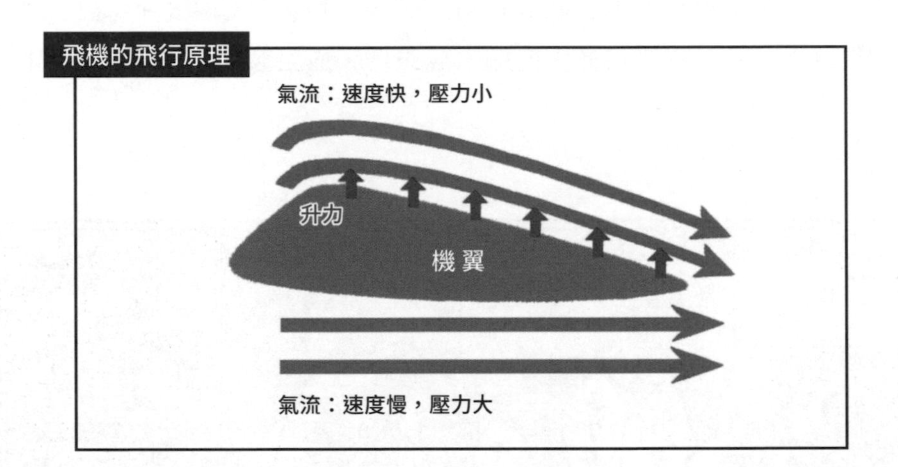


迴力鏢翼片的形狀和飛機機翼類似，呈現弧形。當用垂直於地面的方式丟出迴力鏢，根據白努利定律，翼片產生的兩側空氣壓力差，會得到一個將迴力鏢往側面推的力量，讓迴力鏢持續轉彎，最後在空中畫圓一樣回到手上。考慮到飛行時還會受到地心引力讓迴力鏢往下掉，可以拋射時稍微往上丟，讓它也能受到一點向上的升力來維持高度。

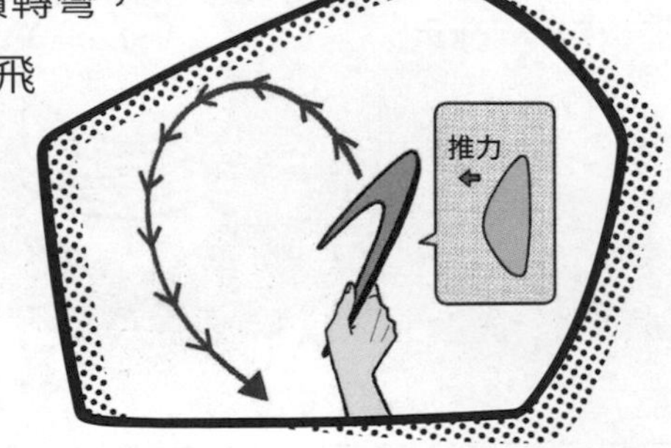


※ 利用機翼的構型產生升力，是一個複雜的流體力學問題，到現在尚未有完整的理論解答。白努利定律是其中一種較簡單的解釋，但仍有不完備與尚待釐清之處。

## 科技藍圖

想要製作可以順利回到手上的迴力鏢，翼片的造型果然是關鍵。要製作出圓滑的弧形，難度似乎很高，而且還要找尋適合的材料。不過我們還是可以用一些常見的材料，來模仿翼片弧形的結構。

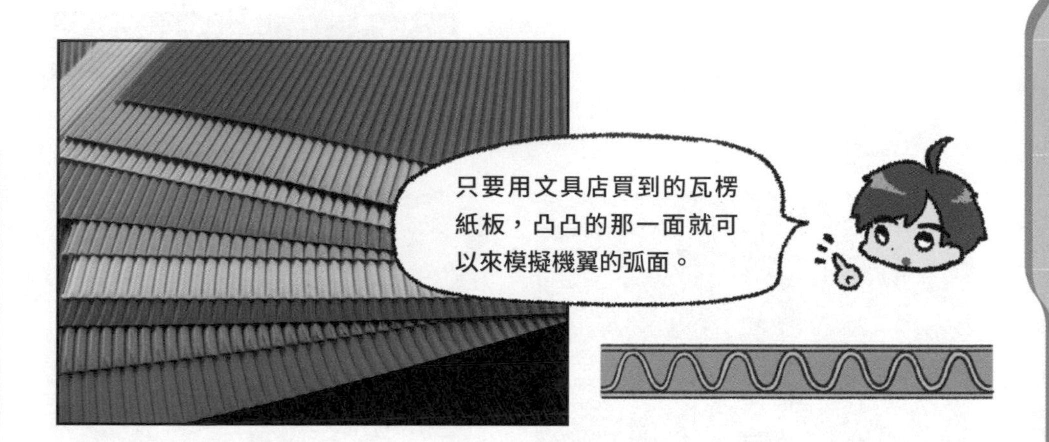

# 實驗兵工廠

## 材料與工具

- □ 4 開單面瓦楞紙 1 張
- □ 角度版型、切割墊、直尺、美工刀、剪刀、鉛筆、釘書機

## 實驗步驟

1 用直尺在瓦楞紙上畫出 3 片長 13 公分、寬 3 公分的長方形。長方形的長邊需要和瓦楞紙波浪的紋路平行。

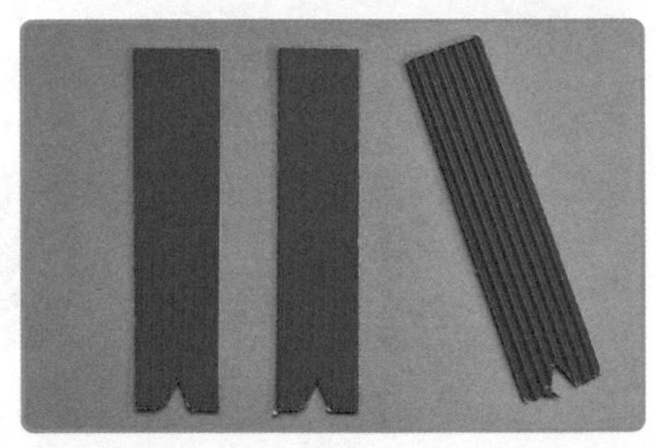

2 在步驟 1 的每個長方形的底部中間切割出一個寬 1 公分、高 1 公分的等腰三角形缺口。

3 使用剪刀，將步驟 2 長方形的另外一邊修剪成圓弧形，增加安全性與耐用度。

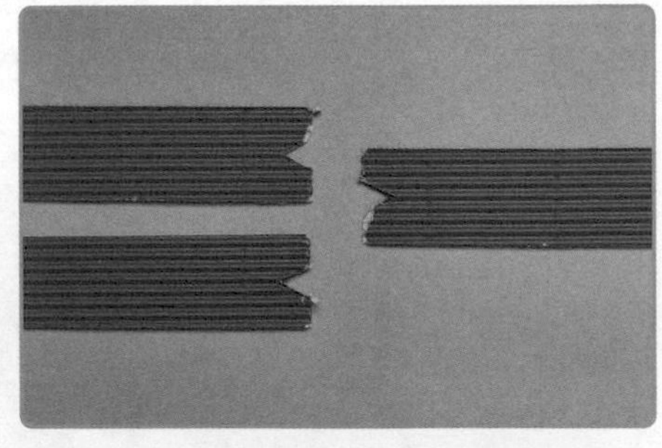

4 先在桌上將兩片紙片的三角形缺口朝右，第三片紙片三角形缺口向左。這三片紙片的凸紋面都朝上。

5 重疊左邊兩片紙片，將兩片紙片的三角形缺口交錯插入第三片紙片三角形缺口。

6 依照照片指示，先慢慢分開左邊兩片紙片。

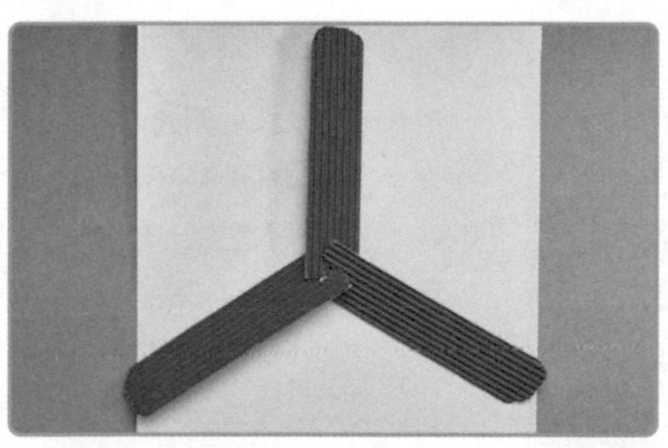

7 使用角度版型，將三個紙片之間的夾角角度調整成一樣大（夾角均為120 度）。

8 依照照片指示，在三片紙片中心，使用釘書機固定。完成三翼片迴力鏢。

9 丟擲迴力鏢時，右手拇指與食指輕捏住迴力鏢其中一個翼片，翼片有凸紋的一面朝左，迴力鏢則是保持垂直地面。

10 先往後擺動手腕，再往前甩出迴力鏢，就會看到迴力鏢往你的左手飛回。

# CHALLENGE++

星光飛冕的「冕」，字面意思是指戴在頭上的帽子。神力女超人平時也是把星光飛冕當成頭上的飾品，危急時才丟出打擊壞人。那麼這次改造目的當然就是把我們所做三翼片迴力鏢，變成可以隨「頭」攜帶的裝飾品！

準備一個髮箍和魔鬼氈，使用熱熔膠將魔鬼氈分別黏在三翼片迴力鏢和髮箍上，迴力鏢就可以透過魔鬼氈固定在髮箍，成為隨時取下發射的星光飛冕。

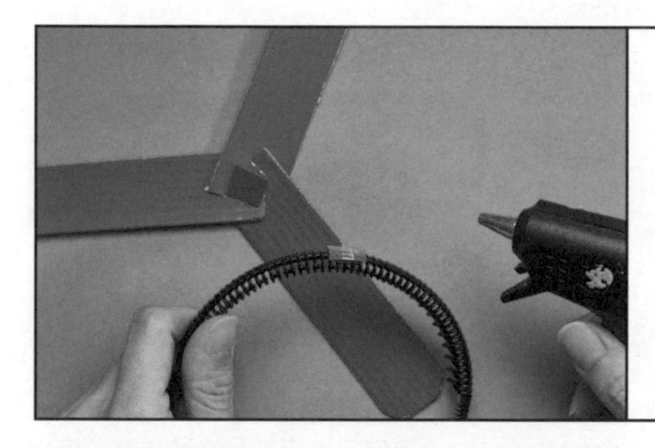

如果你要像神力女超人一樣兼具力量與優雅，也可以換成各種顏色與造型的髮箍，或是自己增加不同裝飾。

不過電影或是常見的迴力鏢，其實都是雙翼片造型，把三翼片迴力鏢放在頭上好像有點奇怪。為了更符合電影裡星光飛冕的造型，試著研究看看如何製作出雙翼迴力鏢吧！

實驗看看，如果使用同樣的瓦愣紙，製作成雙翼迴力鏢，是不是還可以在空中畫出完美的弧形飛行路線呢？

# 三翼迴力鏢角度版型

直接把迴力鏢放在頁面上，可以比對出正確的角度。

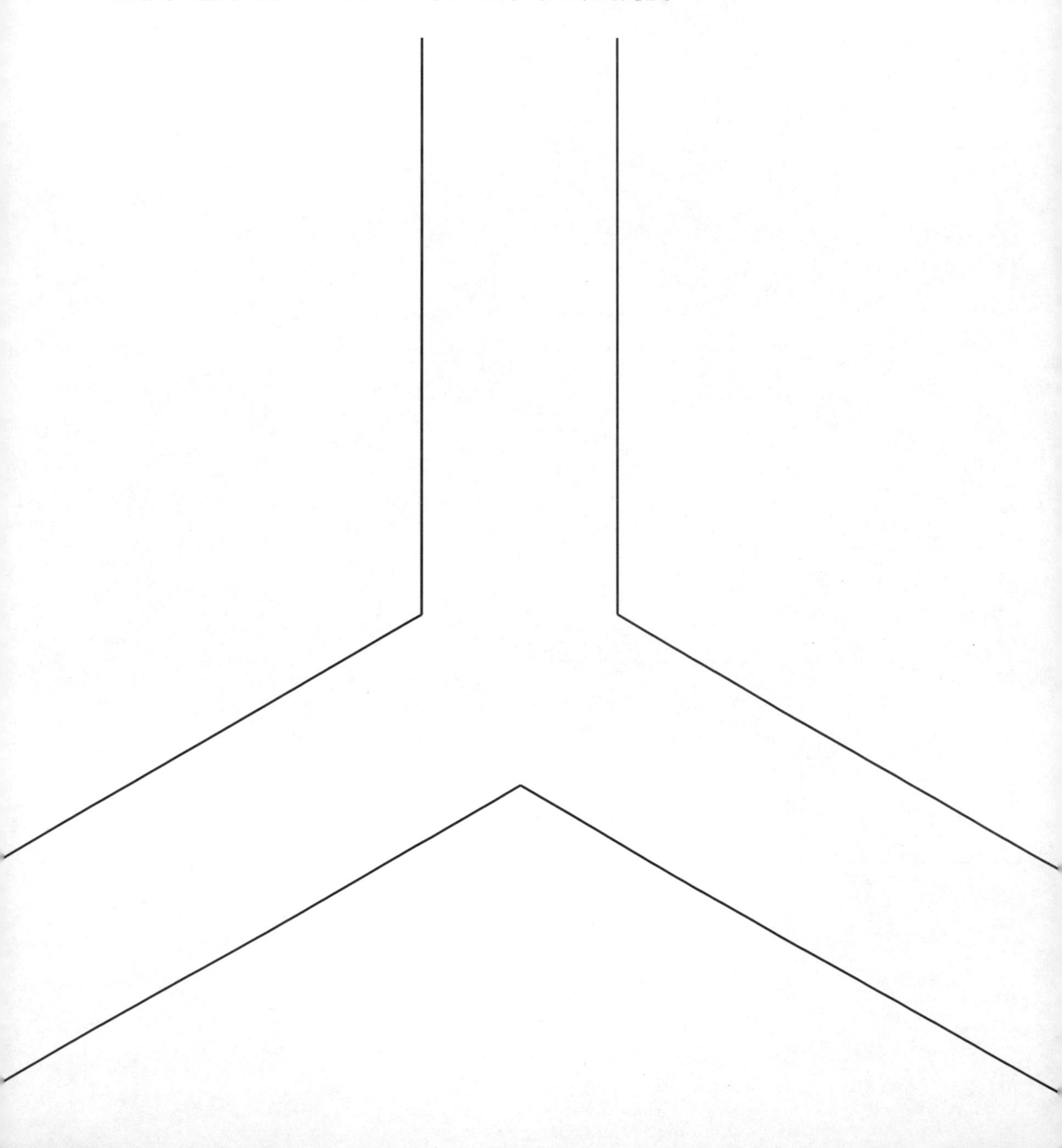

# 超展開實驗第二章

## 老練難度

想必你已經非常熟悉怎麼分析科學原理，並且運用研發道具上。接下來就要更深入研究，改造出最適合自己的科學道具吧！

在深邃的宇宙中，駕駛著巨大機器人，先用光束步槍瞄準遠方的敵人，再用推進器瞬間深入敵陣與宿敵來場軍刀肉搏戰，這樣的場景簡直是許多孩子心中的夢想。而讓孩子夢想成真的，正是日本機器人動畫中最具代表性的《機動戰士鋼彈》系列。

鋼彈的故事描述人類從地球向太空移民時，因為地球上的地球聯邦政府權貴壓迫太空殖民地而引發政治對立，導致部分太空殖民地獨立成吉翁公國，對地球發動獨立戰爭。每一場戰爭中，雙方陣營的人型機器人如同現代的戰鬥機、戰車一般的軍事武器，在戰場上激烈拼鬥著。

在戰亂中，一位熱愛機械、性格有點宅、又自我封閉的平民少年阿姆羅意外的搭乘上鋼彈——地球聯邦軍的新銳機器人，而捲入與吉翁軍的戰鬥，與對方的王牌駕駛員「紅色彗星」夏亞成為宿命的對手。

鋼彈中機器人的帥氣造型設計，以及精彩的戰鬥場面是一大賣點。另外，劇情對於戰爭的理念衝突、人性呈現，都有細膩而深刻的描述，讓作品能夠從一堆表面是動畫，實際賣模型的機器人動畫中脫穎而出，成為最高經典。

不過就科學與軍事的觀點而言，鋼彈也被吐槽：「用人形機器人戰鬥，其實是一件不太科學的事！」確實，戰鬥機、戰車、戰艦等武器都比操作機構複雜的機器人實用許多。因此，為了讓劇情合理，故事設定有一種稱為「米諾夫斯基粒子」的黑科技，會干擾電磁波導致雷達失效，無法進行視距外作戰，只能近身搏鬥，所以才讓機器人的靈活變換動作、擅長近身戰鬥的優勢突顯而出；在沒有重力與空氣阻力的宇宙空間中戰鬥，這種優勢會更加突出。

雖然現實中沒有米諾夫斯基粒子的黑科技，但是讓機器人四肢動起來卻是做得到的。對於重量動輒以數十噸計的機器人而言，我們要如何驅動笨重的機械手臂或腳呢？其實現在的液壓技術就可以辦得到，我們就來試著研究液壓原理，製作出專屬自己的鋼彈……手臂！

液壓並非是先進酷炫的未來裝置，在一些挖土機等重機械（箭頭指示➡），甚至是一扇門上都可以找到。

要驅動機器人四肢或是各種關節機構，除了可以使用電動馬達、齒輪傳動，更可以利用在機械工程廣泛應用的「液壓傳動」──也是讓挖土機等工程車動起來的方法。液壓傳動的原理是在彎彎曲曲的管路填滿液體，從管路一端對液體施加壓力，液體就會從另一端跑出來，所以就可以利用這個特性來傳輸動力。

## 液壓傳動原理

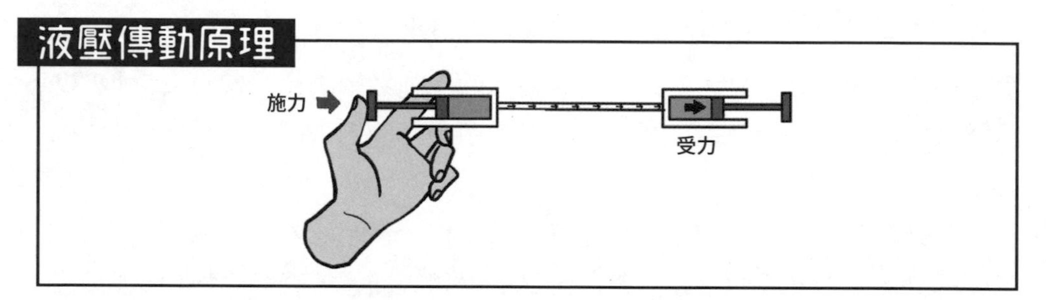


驅動機器人四肢或關節很適合使用液壓傳動，因為液壓裝置的體積小、重量輕；管路還可以配合機械結構進行彎曲，讓機器人做出各種不可思議的動作。此外，液壓傳動更可以運用「帕斯卡原理」，設計出省力的裝置，甚至只要用人力就可以舉起一輛車。此外，液壓傳動在傳輸動力的過程上反應更直接，更適合用來進行精準控制。

## 帕斯卡原理

如果對封閉容器中的液體施加壓力，這個壓力就會透過液體傳到容器的每個地方，使容器內的各處有著相同的壓力。

因此，U 型管路左右兩邊的活塞壓力會一樣，而「壓力（P）」就是「力量（F）除以面積（A）」，小活塞上會對應到比較小的力量，大活塞上則會對應到比較大的力量。我們只要輕鬆壓下小活塞，就可以舉起大活塞上的汽車。

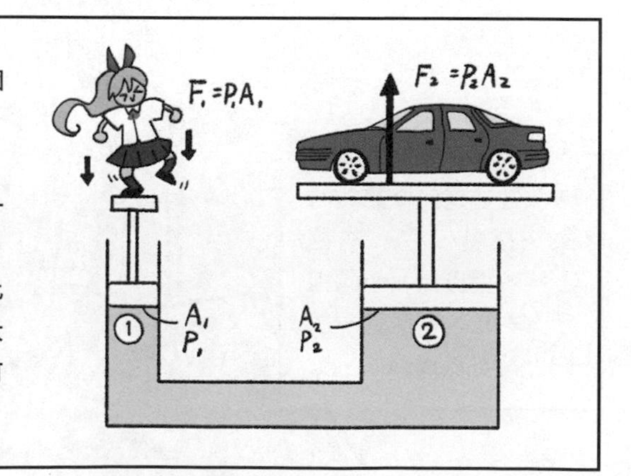

## 科技藍圖

解開液壓裝置的科學原理後，我們只要使用針筒與塑膠管，還有一杯水！再搭配瓦楞紙板，就可以設計出液壓機械手臂。

針筒和塑膠管線可以當作活塞裝置，管線內可以注入水當做動力傳輸的物質。

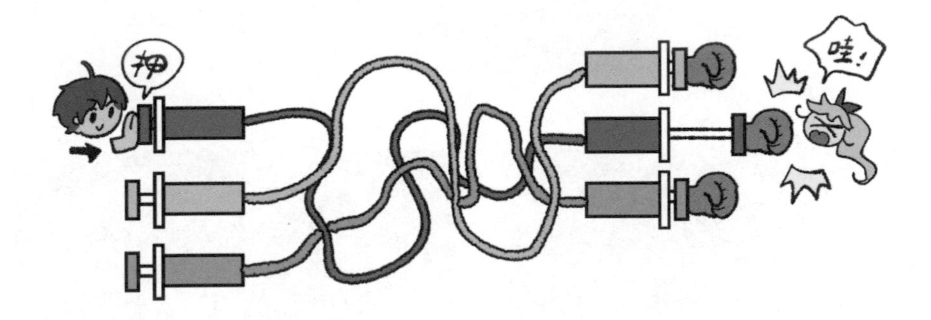


瓦楞紙板則是當作主要機構，負責承重、抓取的機械骨架。

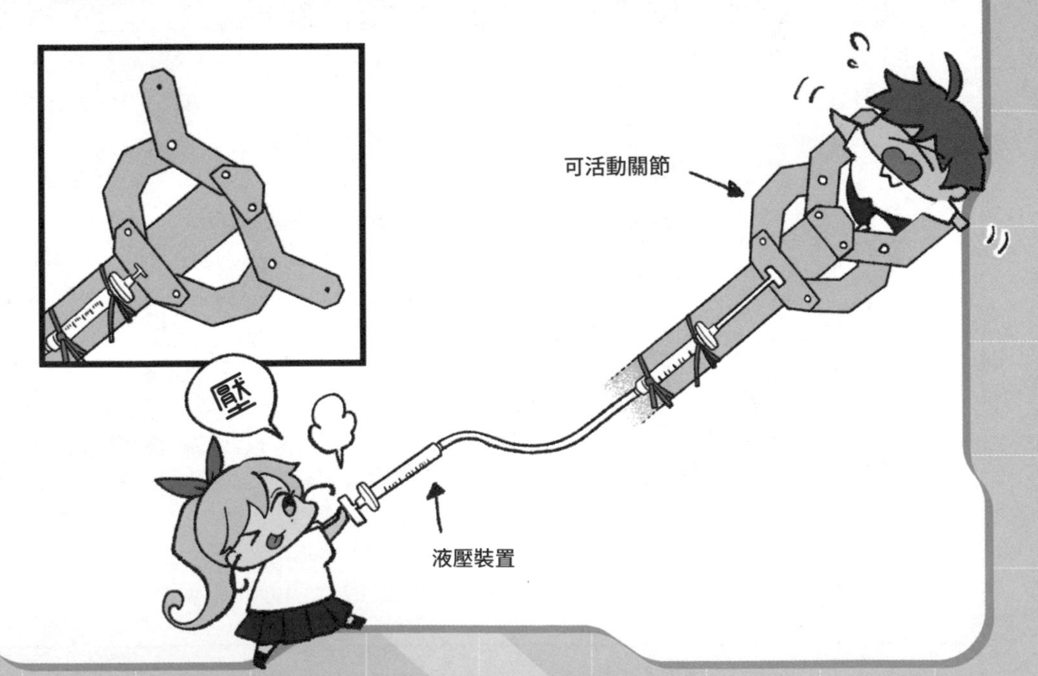

## 實驗兵工廠

### 材料與工具

A □矽膠管（外徑5毫米、內徑3毫米、長21公分）1條

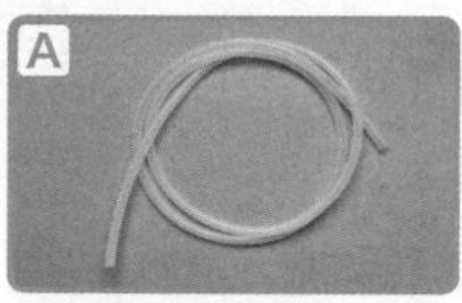

B □3毫升針筒2支

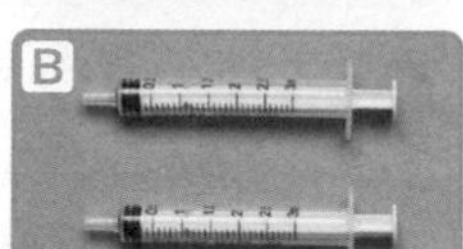

□瓦楞紙板（50×30公分）1片
□烤肉用竹籤（直徑3毫米）1支
□束線帶4條
□顏色墨水
□液壓機械手臂紙模
□切割墊、美工刀、直尺、膠帶、熱熔膠槍

### 實驗步驟

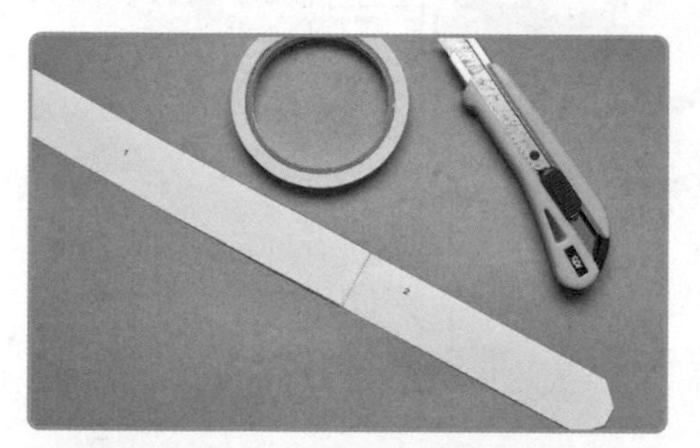

1 先使用美工刀直接從紙模上，切下零件1與零件2，並且將零件1用膠帶黏接在零件2上的虛線黏貼處，合併成一片長條紙片。

2 用步驟1製作的長條紙片當作模板，在瓦楞紙上裁切出同樣大小的兩片紙板。

3 使用熱熔膠把步驟2所切好的兩片瓦楞紙板零件相疊黏合。

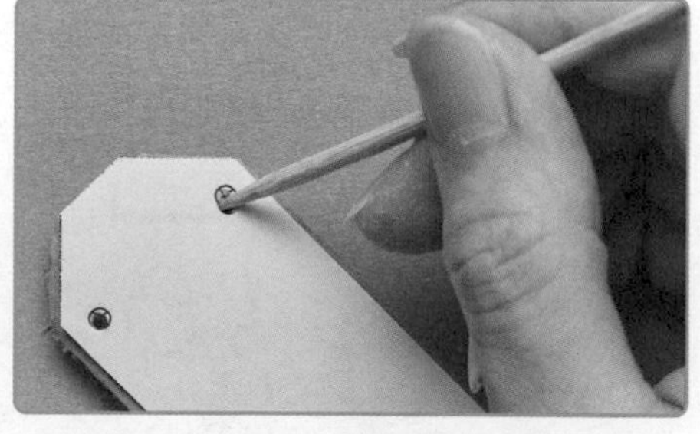

4 再將長條紙片模板放上黏好的瓦楞紙板，使用竹籤尖端刺穿版型上標註的兩個圓孔位置。

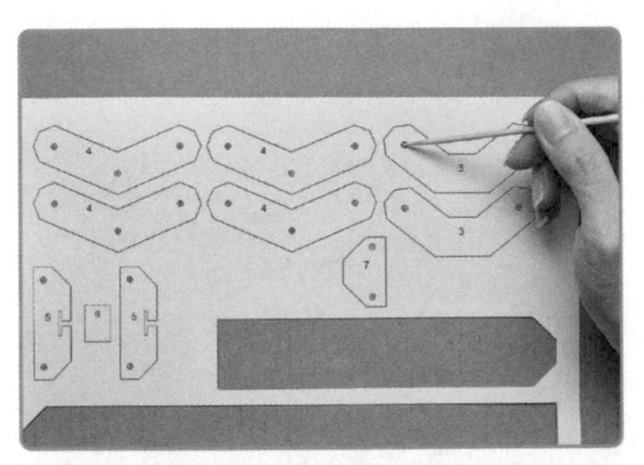

5 將剩餘紙模使用膠帶黏在瓦楞紙板上，先用竹籤在圓孔記號處穿孔打洞，再用美工刀沿輪廓裁切下來。

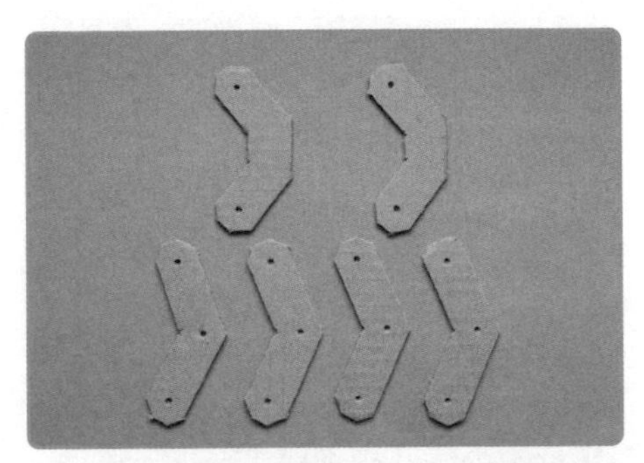

6 一共完成 2 片零件 3，4 片零件 4。

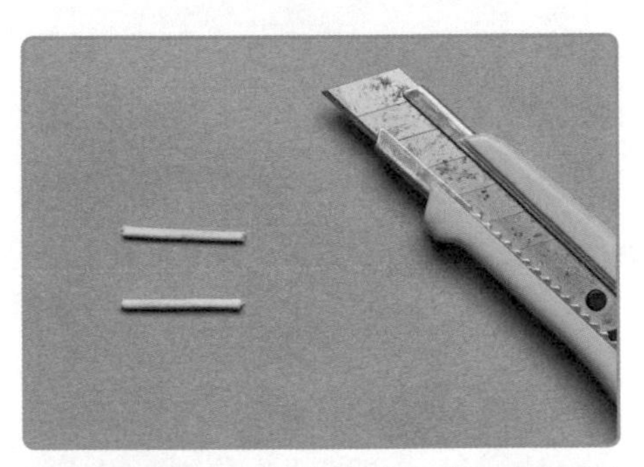

7 使用美工刀將竹籤裁切成兩根 2 公分長的細圓柱。

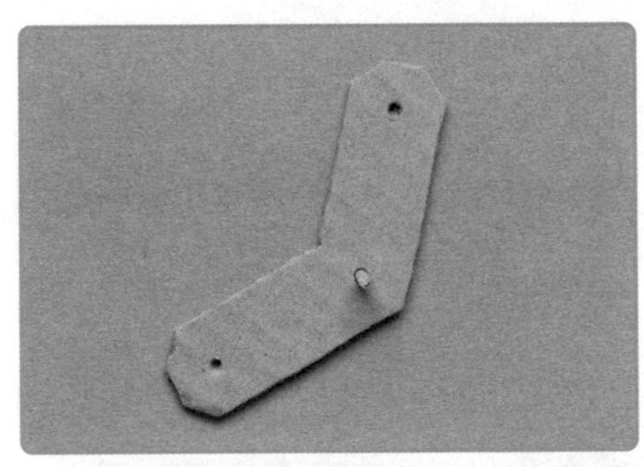

8 在零件 4 上的中間圓孔，插入步驟 7 的細圓柱。

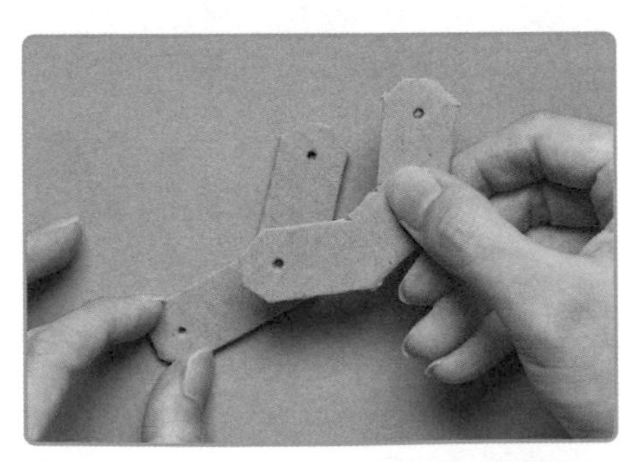

9 取一片零件 3，依照照片將零件下方孔洞對準細圓柱插入。

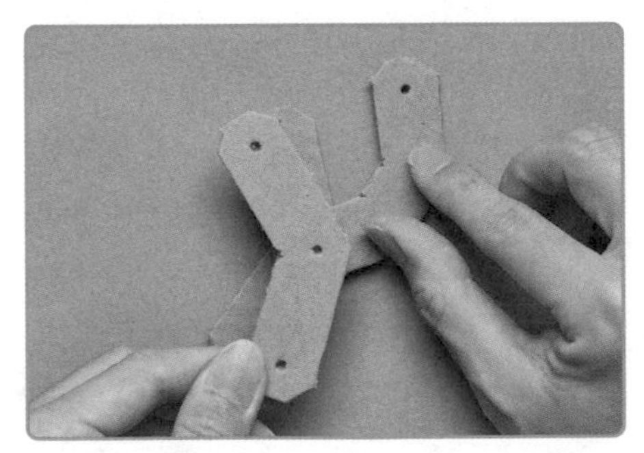

10 最後再取一片零件 4，以中間圓孔插入細圓柱。

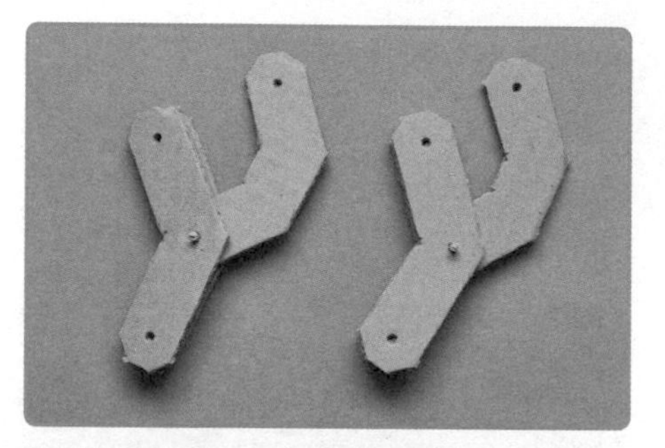

⑪ 依照步驟 8 到 10，再完成一組。

⚠注意：成品是兩片零件 4 中間夾住一片零件 3，請注意各零件的孔洞相對位置，以及確認細圓柱確實穿過三片零件。

⑫ 依照前面方法，從瓦楞紙版製作出零件 5 與零件 6，並且使用竹籤穿孔。

⑬ 使用熱熔膠將零件 6，黏上零件 5 的中心位置。

⑭ 取另外一片零件 5，使用熱熔膠黏上零件 6，最後成為一個三明治結構。

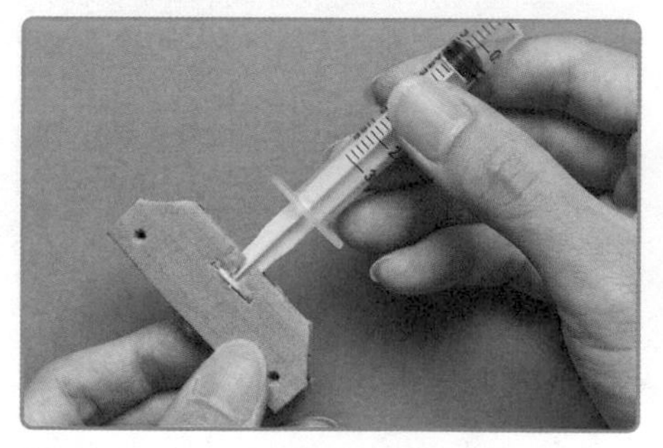

⑮ 將步驟 14 做好的結構，卡上針筒的活塞柄。

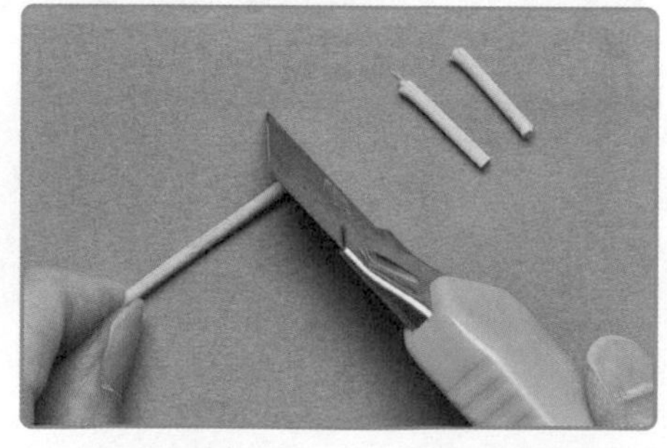

⑯ 從竹籤裁切 4 支 3 公分的細圓柱。

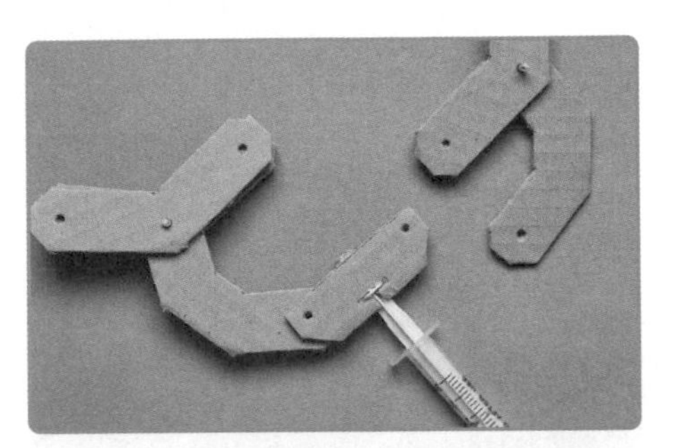

17 步驟 11 的零件組，依照照片指示，插入步驟 15 的三明治結構夾層中。

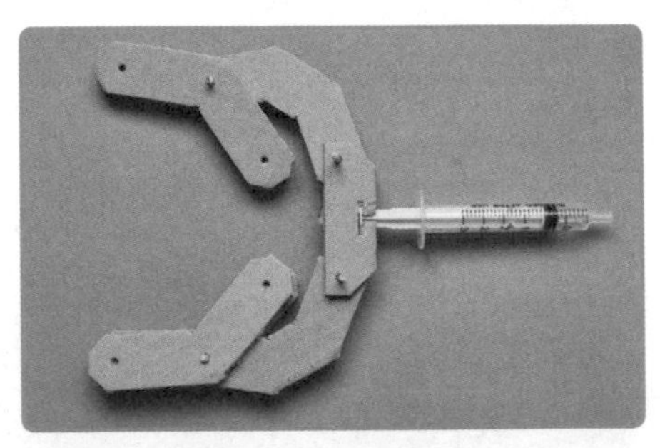

18 對齊好兩個零件組的孔洞，再用 3 公分的細圓柱穿過固定。另外一邊也是同樣做法。

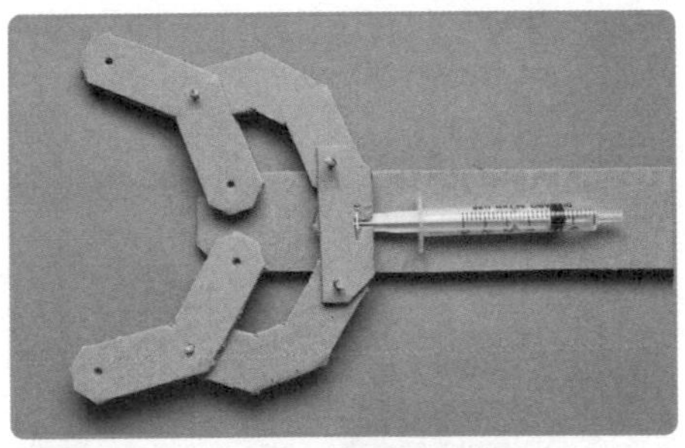

19 將步驟 18 完成的零件組，放在先前製作好的瓦楞紙長條上，並且對齊兩者的孔洞位置。

20 依照照片指示，將 3 公分細圓柱穿入對齊好孔洞的零組件，另一邊也是相同步驟。最後完成液壓爪的爪子結構。

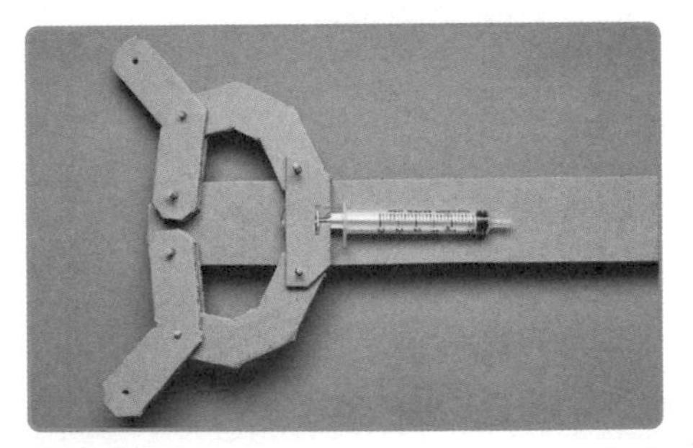

21 將針筒的活塞柄往內推到底，讓液壓爪子前端打開到最大。

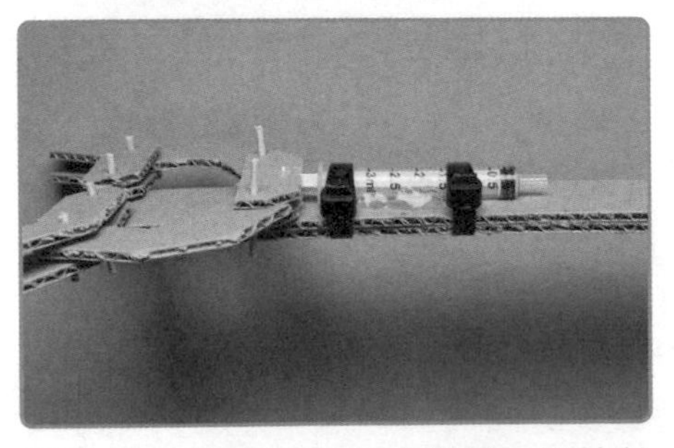

22 先用束線帶固定針筒位置，推拉針筒確認爪子可以正常開闔後，再用熱熔膠黏住針筒與紙板。

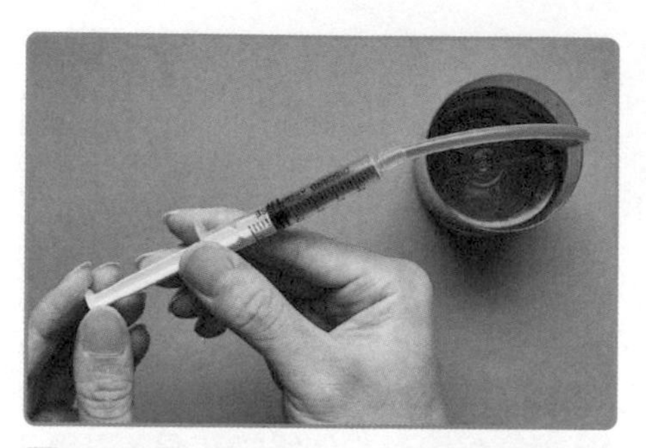

23 矽膠管一端套到另一支空針筒，準備一杯水讓針筒與矽膠管吸滿水。

⚠注意：針筒與矽膠管內盡量吸滿水，避免氣泡。水可以先用墨水染色，視覺效果更棒。

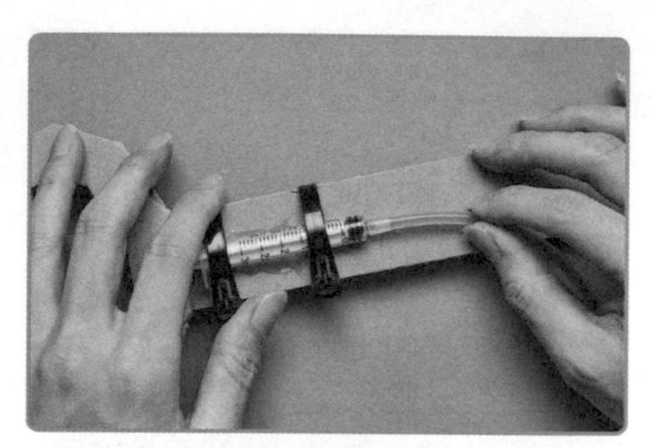

24 把步驟 23 吸滿水的針筒矽膠管另一端套入紙板的針筒上。

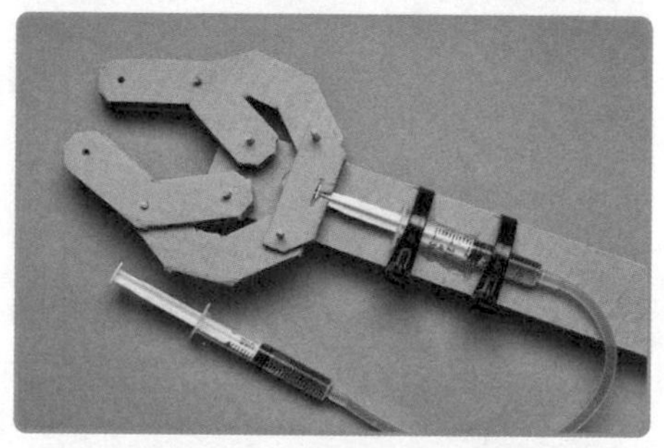

25 推拉針筒測試是不是可以順利帶動爪子開闔。

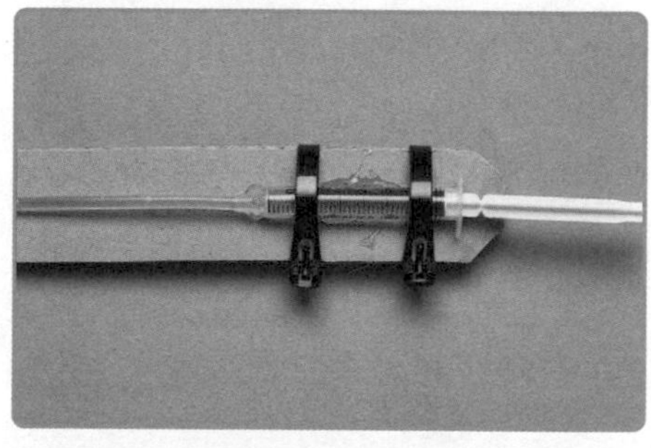

26 最後將針筒用束線帶固定在紙板末端，並用熱熔膠固定針筒。

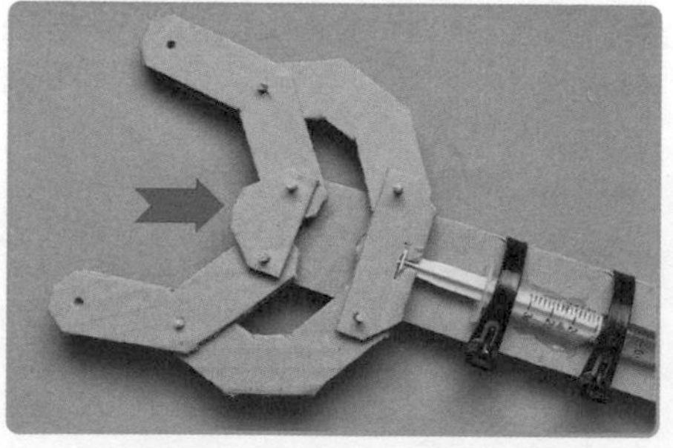

27 將零件 7 裁下並鑽好孔洞，再安裝在照片的箭頭處。

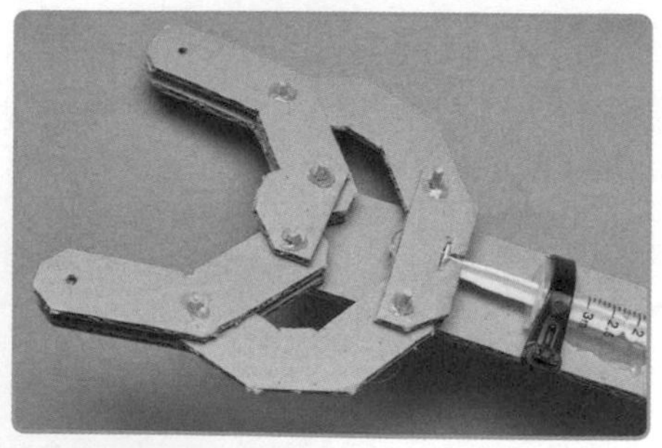

28 使用熱熔膠塗在紙板上所有竹籤的位置，防止竹籤脫落。最後完成液壓機械手臂。

## CHALLENGE++

完成的液壓機械手臂還真的有兩下子，輕輕鬆鬆就夾起泡棉。不過要跟鋼彈一樣在宇宙的險惡環境戰鬥，還要隨時拿起光束步槍反擊敵人，可是需要更多改造才行。

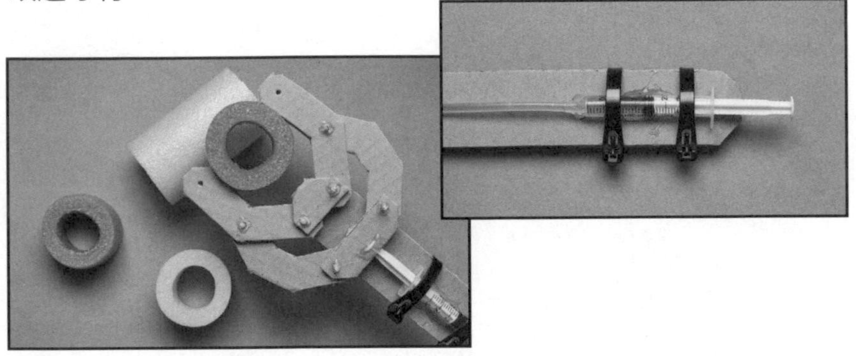

首先，面對敵人的強烈攻擊，我們必須要加上防護裝甲，原本的造型只能算是具有功能的機器骨架。為了可以穩固夾取步槍或重物，整個手臂還需額外加上護甲。護甲除了可以加強結構強度，也可以保護液壓管線。

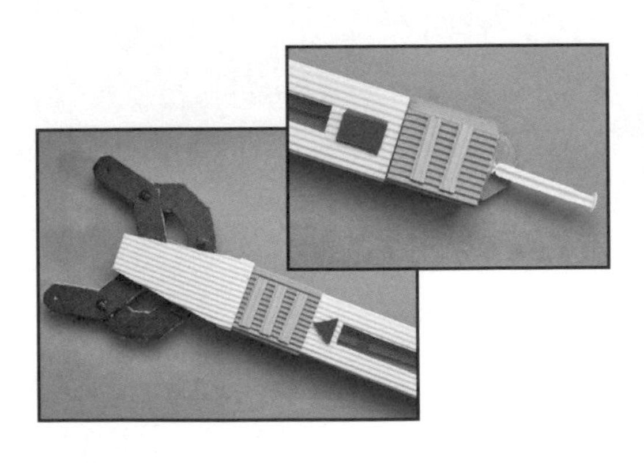

如果還是擔心敵方攻擊太猛烈，甚至還可以加上盾牌防禦。

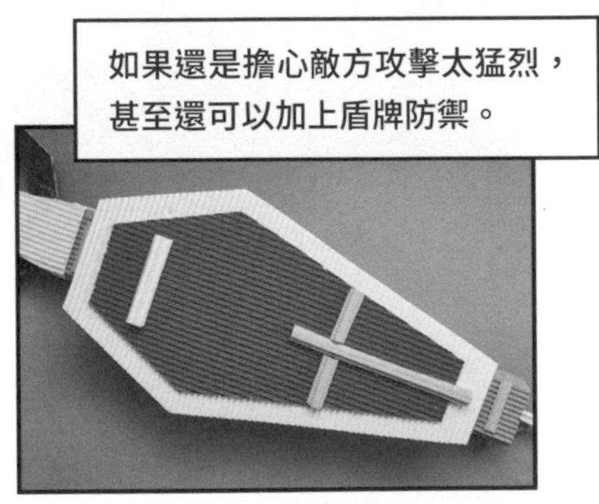

不過你發現了嗎？這隻「手」臂其實不能算是真正的手臂——至少不像人的手，只能說是一個機器夾子。如果要設計一個仿真的機器人類手臂，就需要再多四根手指；每根手指需要一個液壓裝置控制，你想到該怎麼做了嗎？

嘗試製作出一個具有五根手指的機器手。提示一下，你可以參考攻殼機動隊裡的仿生手臂，將棉線控制更換成液壓裝置試試看。

## 我的超展開實驗紀錄

# 液壓機械手臂紙模

請掃描 QRcode，下載紙模檔案。

列印時請選擇 A4 紙，原始尺寸。

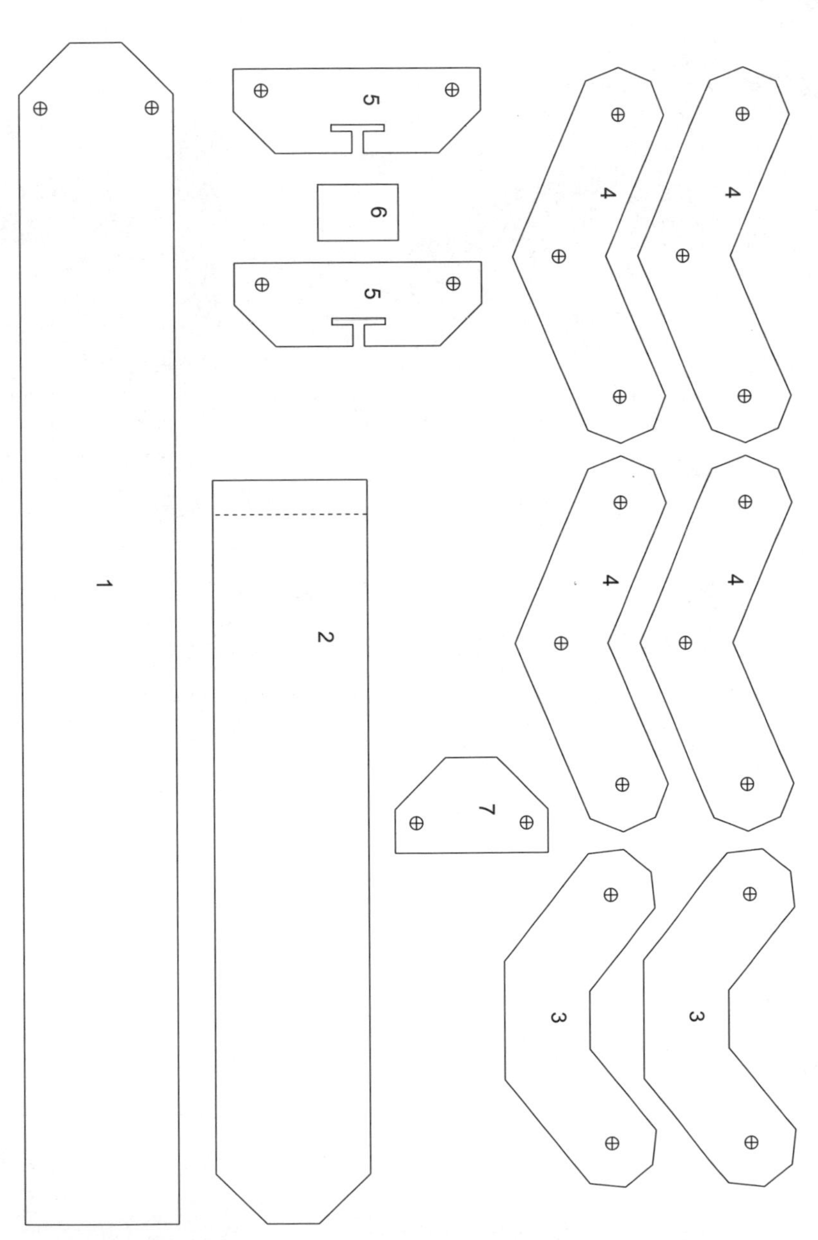

# 就決定是你了！

「使出十萬伏特攻擊」，「我們是可愛又迷人的反派角色」。如果你對這些台詞朗朗上口，想必一定看過「精靈寶可夢（Pokémon）」吧！搞不好還玩過手機遊戲「Pokémon Go」，在路上到處尋找稀有種寶可夢、或是加入道館決鬥。

精靈寶可夢是遊戲公司「任天堂」1996 年在掌上型遊樂器 Game Boy 上推出的遊戲。內容結合角色扮演、收集寵物、連線對戰等要素，玩家會在各地冒險，遭遇野生寶可夢，這時就要使用像扭蛋般的「精靈球」將寶可夢收為伙伴；並且加以訓練、進化，學習各種技能。甚至在遊戲裡，玩家們相遇時還可以來場對戰：雙方選擇出戰的寶可夢隊伍，獲勝的一方可以得到獎賞。

遊戲裡各種可愛、有趣的寶可夢，加上收集與培養的成就感，很快就受到大人和小朋友歡迎，甚至也改編成動畫和電影。2016 年在手機上推出的「Pokémon Go」，結合了虛擬世界與真實世界的新體驗，更收服了平常不玩手機遊戲的成年人。

在精靈寶可夢系列作品中，不斷誕生各種寶可夢，從一開始的 151 種到目前超過 900 種。每種寶可夢都有對應屬性，包含：一般、火、水、草、電、冰、格鬥、毒、地、飛行、超能力、蟲、岩、幽靈、龍、惡、鋼、妖精等。特定屬性還有彼此相剋的機制，像是水系剋火系、電系剋水系。因此，在組隊對戰上，如何搭配不同屬性、不同技能的寶可夢，就讓戰鬥充滿變化與樂趣。

雖然寶可夢種類超級多，但是最有名的要屬永遠不想進化的萬年主角皮卡丘，而他的絕招「十萬伏特攻擊」也是動畫裡主角小智的決勝關鍵。此外，火系的小火龍、草系的妙蛙種子、水系的傑尼龜，也是很受歡迎的角色。他們都是遊戲裡新手訓練家一開始會得到的伙伴。

在接下來的實驗中，我們要來重現水系寶可夢的大招「水砲」攻擊。這個招數是許多水系寶可夢都會的招數，威力也很強。特別是，傑尼龜進化之後的水箭龜，牠的註冊商標就是背上的兩支水砲。接下來，就讓我們利用真實世界的科學原理，來製作水箭龜的必殺水砲吧！

# 科學戰略室

想要像水箭龜一樣噴出大量水柱，應該是需要強大的動力。不過再怎麼看，也沒有在水箭龜的身體上找到馬達或是引擎之類的機械裝置，想必就是靠著強大的肌肉力量，噴出強勁水柱吧！這個概念其實類似上個實驗「鋼彈液壓機器手臂」的科學原理，透過徒手壓下封閉的針筒，就可以輸送液體。只不過這次要額外使用「氣體加壓」的概念，增加水柱威力。

氣體和液體都是所謂的「流體」，也就是形狀不固定的物體型態，但是氣體和液體有一個很大的不同之處，就是氣體的體積很容易壓縮，而液體的體積卻很不容易壓縮。就像是我們將打氣筒的出氣口接到一個瓶子時，你開始往下壓手柄打氣，會逐漸發現越來越難壓下，這就表示此時瓶子內充滿高壓的氣體。

## 氣體加壓的原理

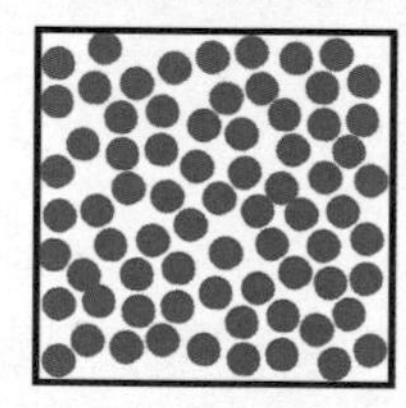

液體分子都靠在一起，保持了一定的距離，所以液體體積很難被壓縮。

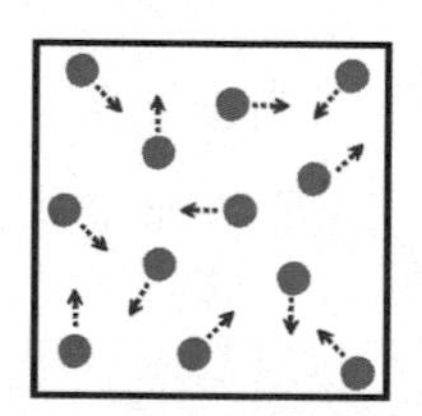

氣體分子間的距離不固定，所以氣體體積很容易被壓縮。

這時如果在瓶子裡也放入液體，那麼高壓氣體不僅會對容器內壁施加壓力，也會將壓力加在液體上。因此，只要瓶子出現一個開口，受到壓力的液體就會隨著氣體往外衝，成為「水砲」了。

## 高壓氣體可以讓液體噴出

在裝有液體內的瓶內打入氣體，受到高壓的氣體就會把壓力加在液體上。只要瓶子有個開口，受到壓力的液體就被氣體往外推擠。

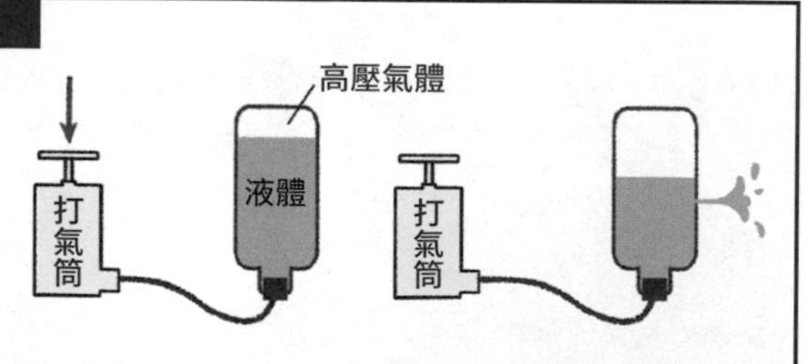

# 科技藍圖

了解密閉容器運用高壓氣體噴射液體的原理後，我們要利用寶特瓶、打氣筒和閥門來模擬水箭龜的「生物肌肉動力」原理。

## 打氣筒的祕密機制

打氣筒內部有進氣閥門、出氣閥門等兩個單向閥門。作用像是氣體的單行道，只允許氣體朝單一方向流動。活塞被往上拉時，出氣閥門關上，進氣閥門打開，氣體就流入打氣筒中；活塞被壓下時，進氣閥門關上，出氣閥門打開，氣體就被活塞壓出去了。只要把打氣筒接上容器並反覆操作，就可以把越來越多的氣體壓縮到容器中，得到高壓的氣體。

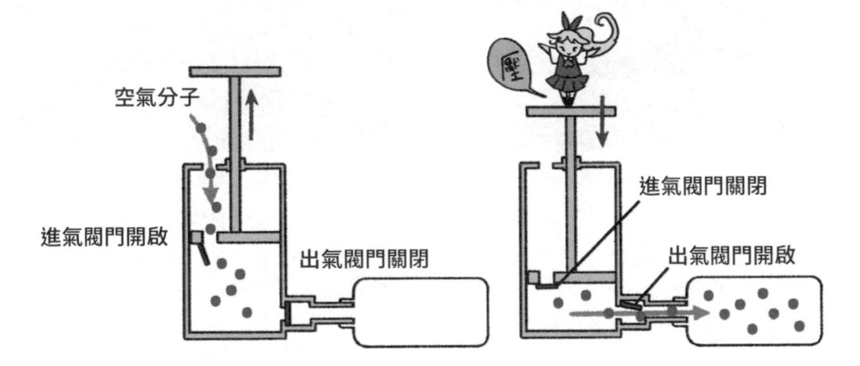


## 閥門開關

接著要在瓶身上做個閥門開關，來控制氣體噴出的裝置。只要關閉閥門，就可以讓整個裝置成為密閉空間；在需要發動招數的時刻，轉動閥門就可以噴出高壓氣體了。

## 實驗兵工廠

### 材料與工具

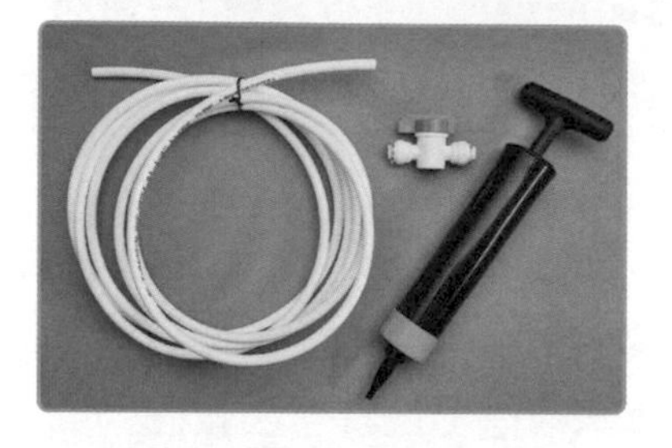

- ☐ 水管（2 分管，外徑 6.35 毫米，長度 150 公分）1 條
- ☐ 兩分管快速球閥 1 個
- ☐ 汽球打氣筒 1 個
- ☐ 4 開塑膠瓦楞板 1 片
- ☐ 汽水空寶特瓶（約 600ml）1 個
- ☐ 粗筆管的按壓式原子筆 1 支
- ☐ 切割墊、美工刀、奇異筆、熱熔膠槍

### 實驗步驟

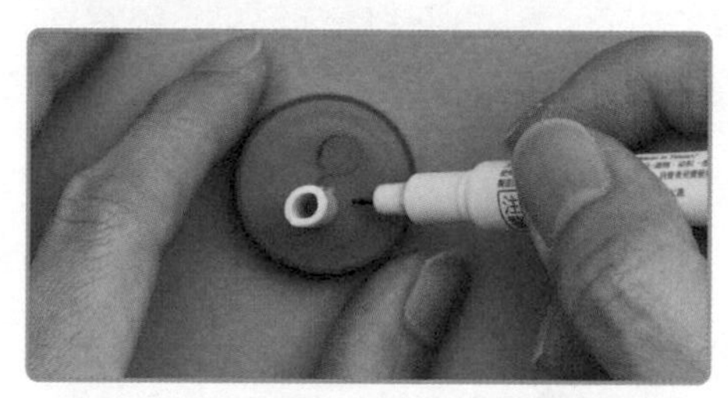

1 把水管放在瓶蓋上，再用奇異筆做記號。預計要挖兩個可以穿過水管的洞，注意洞口要集中在瓶蓋中間，以免影響瓶蓋氣密。

⚠注意：可以先剪一小段水管放在瓶蓋測量位置。

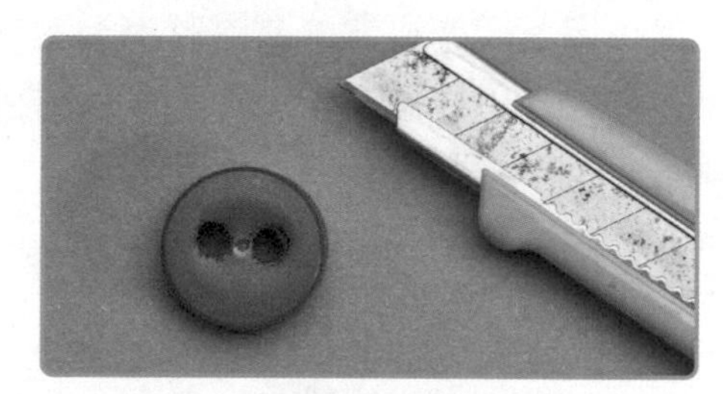

2 用美工刀慢慢將記號位置的孔洞挖開，孔洞盡可能貼合水管外徑。

⚠注意：使用美工刀挖洞，請小心操作或是戴上防割手套。

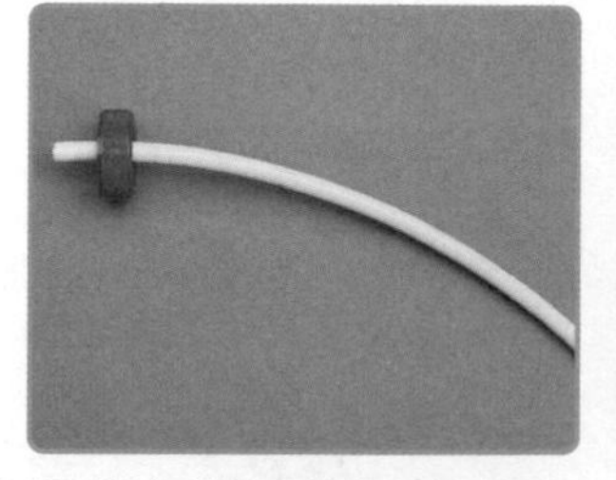

3 把水管穿進瓶蓋的其中一個孔，伸入瓶蓋約 2 ～ 3 公分、瓶蓋外預留 30 ～ 40 公分，其餘切斷。

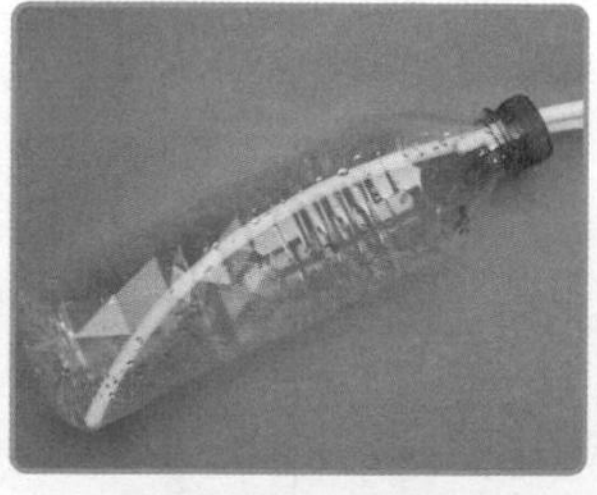

4 把步驟 3 切剩的水管，再穿進瓶蓋的另一個孔洞，並且直接碰觸到寶特瓶內底部。

5 使用奇異筆標記瓶蓋和兩條水管的對應位置。以防後續步驟移動到水管位置。

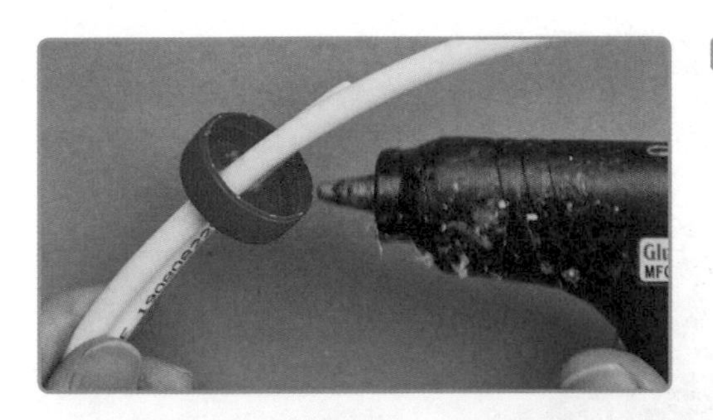

6 從寶特瓶取下瓶蓋，注意不用移動水管位置。用熱熔膠沾滿瓶蓋內側的水管根部，再將水管稍微向外拉，使得熱熔膠確實填滿水管周圍孔洞的縫隙，但不能溢出到最外圈影響寶特瓶口密合。

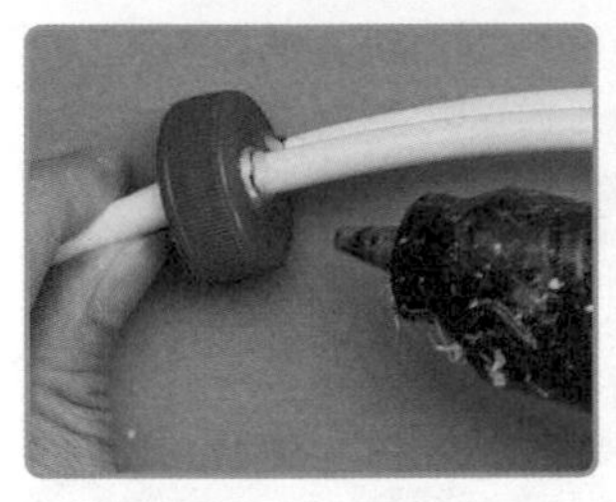

7 使用熱熔膠固定和密封瓶蓋外側孔洞和水管相接處。

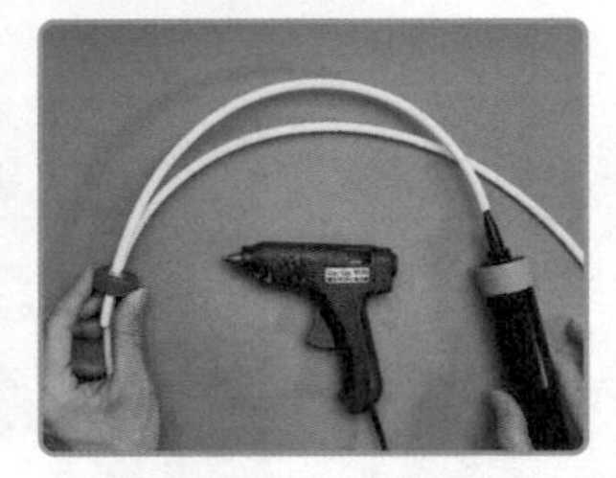

8 把瓶蓋內的短水管套在汽球打氣筒的出氣端，盡可能塞緊。再用熱熔膠黏接固定水管與出氣口。

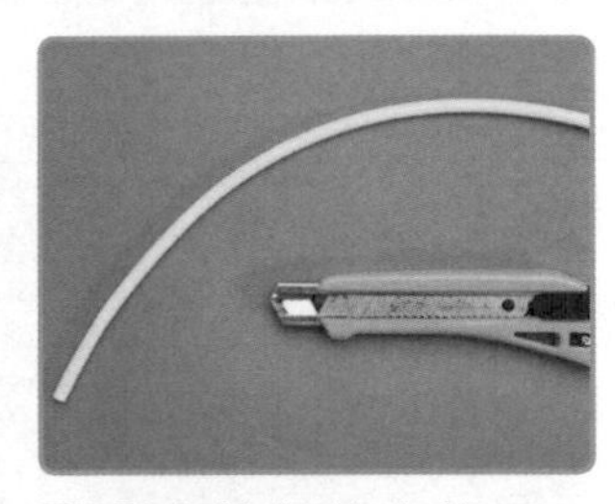

9 從寶特瓶蓋上的另一條長水管切下一段約 30 公分，並放置一旁備用。

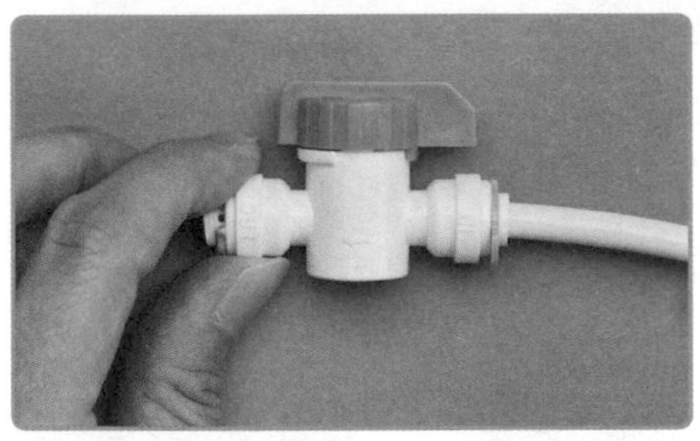

10 將連接瓶蓋的水管（不是和打氣筒連接的那一條），塞入二分管快速球閥的進水端，盡可能用力往內塞緊。

⚠注意：快速球閥的兩端接頭會有 IN 和 OUT 英文標示。IN 為進水端、OUT 為出水端。

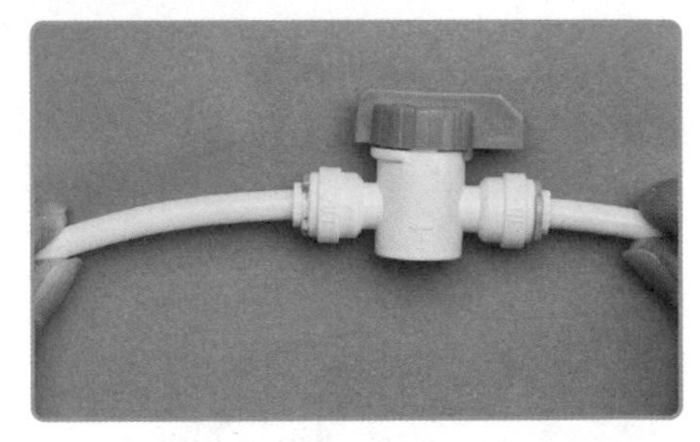

11 把步驟 9 切下的 30 公分水管，插入二分管快速球閥的出水端，並將瓶蓋鎖回寶特瓶上。

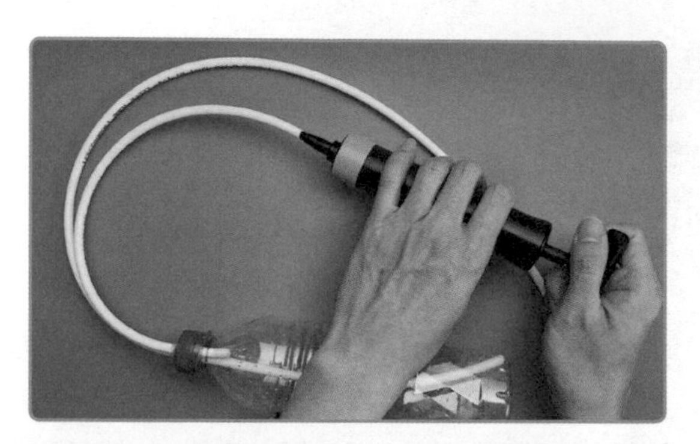

⑫ 把快速球閥開關轉至「關閉」位置。使用打氣筒打氣，確認水管黏接部位有沒有發出嘶嘶的漏氣聲。

⚠注意：如果有漏氣的聲音，可以沾一點水在水管黏接處，找出漏氣位置。之後再用熱熔膠補強。

⑬ 在塑膠瓦楞板上裁切出大砲砲管的造型，長度約 30 公分，一共兩片。

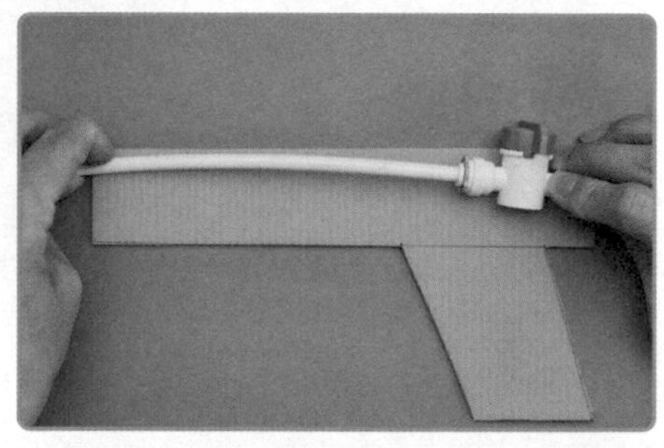

⑭ 將出水水管與球閥依照照片指示，放置在 1 片瓦楞板砲管上，確認擺放位置。並且切除球閥位置處的瓦楞板，替球閥預留空間。

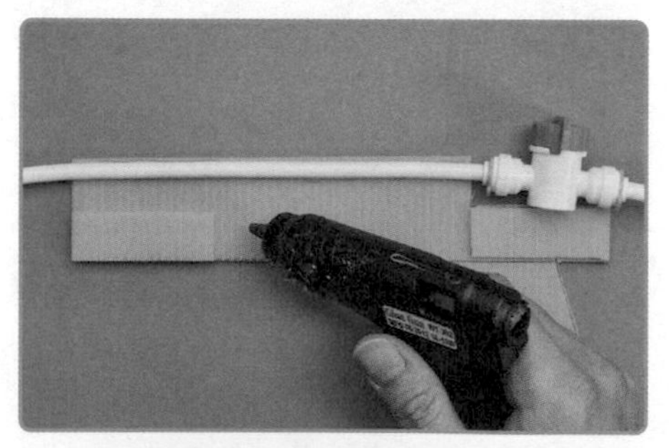

⑮ 使用熱熔膠黏接固定水管與球閥，並且再用熱熔膠黏接上另一片瓦楞板。最後將管線夾在兩片塑膠瓦楞板中間。

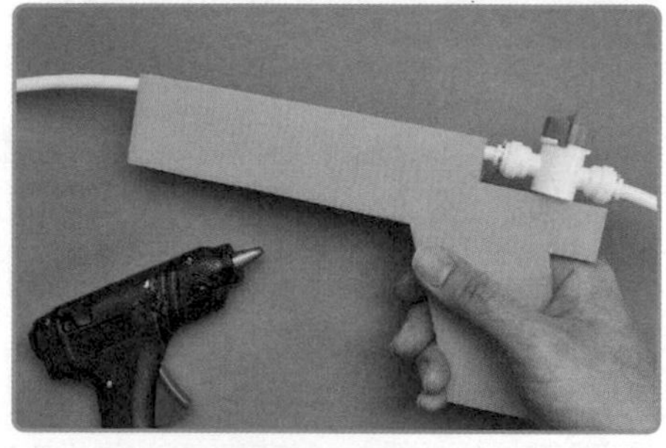

⑯ 完成後的瓦楞板大砲造型，前段預留的水管，請先不要剪斷。

⑰ 前段預留的水管，套上按壓原子筆的前端並且用熱熔膠固定，當作噴水孔。

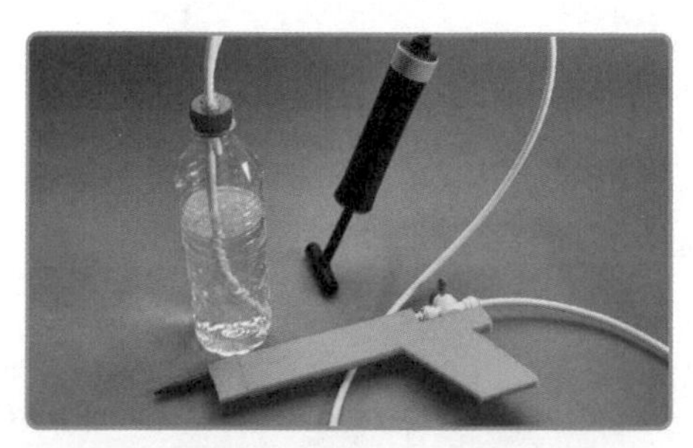

⑱ 完成後的噴水大砲，在使用前先將寶特瓶裝八分滿的水後鎖上瓶蓋。

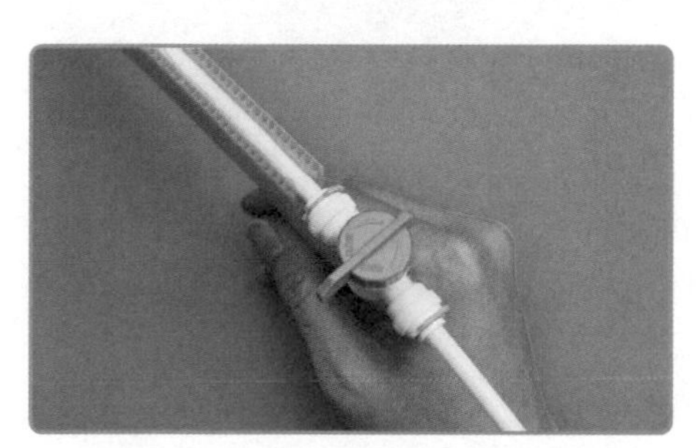

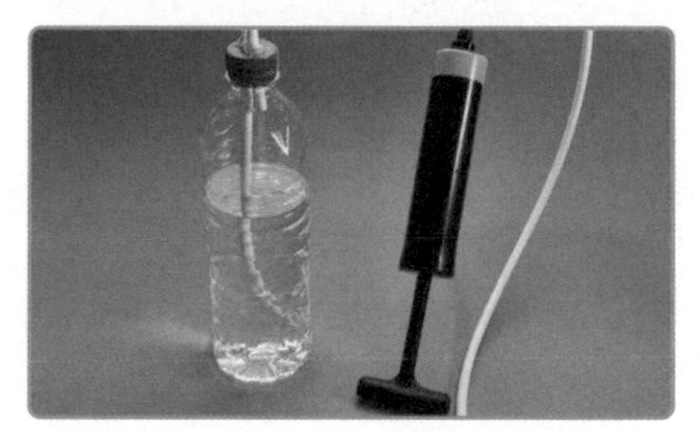

⑲ 把快速球閥開關轉動至關閉，並使用打氣筒打氣，直到無法再壓下為止。之後只要打開球閥閥門就可以發射強力水柱囉！

## CHALLENGE++

現在你不必捕獲水箭龜，也能操作這組水砲使出水箭龜的絕招！先試試看，這組水砲可以射多遠以及射多準？不過在操作的時候，應該會發現水砲要隨時補水和打氣，這樣一想，其實水箭龜龜殼裡搞不好藏了一組大水箱和打氣機，方便隨時加壓（集氣）發射。

不過水箭龜背上其實有兩根砲管，並且威力驚人，還可以射中 50 公尺外的目標。挑戰看看是否可以設計和水箭龜一樣的水砲。

# 無敵鐵金剛 金剛飛拳

## 指揮艇組合！

「我們是正義的一方，來和惡勢力來對抗……無敵鐵金剛！」如果要問大人心中最懷念的機器人卡通，《無敵鐵金剛》絕對榜上有名。駕駛巨大機器人，發射火箭鐵拳痛毆機械鐵獸的畫面，可說是《無敵鐵金剛》裡超熱血的名場景。這部卡通由日本動畫國寶級大師永井豪創作※，1972 年開始漫畫連載與電視播放，無疑是這類機器人作品的開山祖師。

故事描述在希臘麥錫尼遺跡探勘的考古調查團，意外發現古代麥錫尼帝國擁有高度的科學文明，製造了大量的巨大機械鐵獸。在帝國滅亡後，這些極具破壞力的機械獸便沉睡在遺跡中。考古團成員之一的赫爾博士看到這些鐵獸，燃起了利用它們征服世界的野心，殺害了其他團員獨佔祕密，只有兜十藏博士逃了出來。

兜十藏知道赫爾的野心，於是暗自開發足以對抗機械鐵獸的超級機器人「無敵鐵金剛」。然而就在完成之時，遭赫爾博士的殺手襲擊，臨死前將無敵鐵金剛託付給孫子兜甲兒，展開了對抗邪惡集團，保衛世界的戰鬥之路！

※ 創作靈感據說是永井豪有次塞車等到不耐煩時，心想：「如果我現在不是開車，而是駕駛巨大機器人的話，就可以一路跨過車陣了。」

赫爾博士麾下的機械鐵獸可以說是仿生科技大全套，這些鐵獸多半是模仿真實世界的生物或是奇幻世界中的怪獸所設計，會使用各種奇特的武器攻擊。面對來勢洶洶的敵人，正義使者無敵鐵金剛當然備有各種威力強大的武器應戰。其中最具代表性的武器，當屬「金剛飛拳」，這帶著拳頭的前臂裝有火箭推進器，會以兩倍音速射出拳頭重擊敵人。

不過隨著敵人越來越強，光只有金剛飛拳除了威力不夠，還有點無聊。於是更多更強的招數也一一登場，包含眼睛射出的「原子光熱線」、耳朵尖角射出的「冷凍光線」、嘴巴噴出的「氣體硫酸」，以及最強絕招 ── 以胸部紅色放熱板發出的 3 萬度高溫的「金剛火焰」。這些強力攻擊讓金剛飛拳在故事後期變成「攻擊敵人的第一招，但是一定沒用」的暖身用招數。

儘管如此，在所有的機器人迷心目中，搭載了火箭的正義鐵拳在火箭怒吼聲中痛擊敵人的震撼，還是讓金剛飛拳與無敵鐵金剛劃上等號。這個單元中，我們要利用空氣動力學的原理來製作空氣火箭，只要在前方加上拳頭的造型，你也可以擁有金剛飛拳喔！

## 科學戰略室

金剛飛拳是在拳頭後方安裝了火箭推進器，才可以高速發射。火箭推進的原理是燃料與氧氣進行激烈的燃燒作用時，產生大量高溫的廢氣。這些自末端噴出的廢氣會給火箭一個向前的反作用力，將火箭以及鐵拳向前加速。不過使用火箭做實驗並不容易，而且危險，所以要改用壓縮空氣的原理，來製作「空氣火箭」飛拳。

雖然火箭發射時會冒出大量火焰，但實際上推動火箭升空的動力來源卻是燃燒產生的大量氣體。

壓縮空氣的原理來自於密閉容器中的空氣會給容器壓力。密閉容器的空氣分子會在容器內四處亂跑，所以總有撞到牆壁的時候。這個分子撞牆的過程，就會讓容器的內壁受力（壓力）。

如果容器有個可以活動的蓋子，當蓋子往下壓時，空氣分子可以活動的空間變小、撞上牆壁的機會也會變高，所以壓力就會變大。因此，當我們放開手時，空氣分子自然就會往上推開蓋子了。「空氣火箭」飛拳就是利用這種壓縮空氣的原理，我們要先設計一個特殊容器，可以先壓縮空氣，再利用開關釋放，就可以發射金剛飛拳了。

### 壓縮空氣的原理

在容器的蓋子往下壓時，空氣分子就會被壓縮；當放開手後，空氣分子自然就會往上推開蓋子。

手拿開
噴飛！
壓力小
壓力大

## 科技藍圖

「空氣火箭」飛拳的關鍵在於一個可以方便壓縮空氣、釋放空氣的容器裝置。這種裝置可以使用打氣筒、水管、水管閥門來完成。

**方便壓縮空氣的裝置：汽球打氣筒**

把打氣筒的出氣口封住時，就可以成為一個隨時加壓的密閉容器。當我們不斷把活塞往下壓時，就可以感受到空氣的壓力。

**方便釋放空氣的裝置：水管閥門**

把打氣筒的出氣口加上水管閥門，利用閥門上的開關控制空氣的進出，就可以方便把加壓的空氣洩出。

## 實驗兵工廠

### 材料與工具

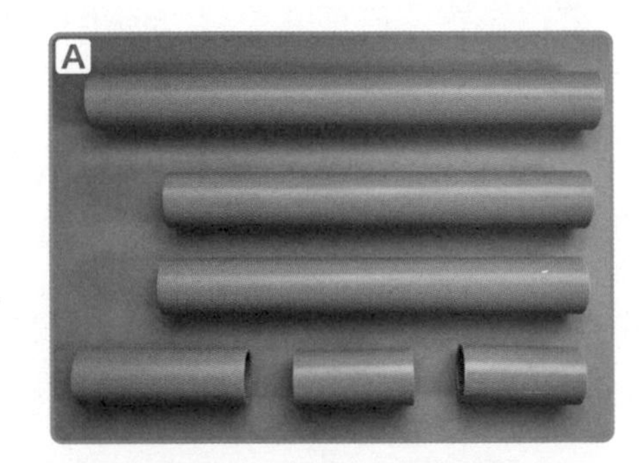


A
- ☐ 直徑 1 吋 PVC 水管 30 公分 1 支
- ☐ 直徑 1 吋 PVC 水管 25 公分 2 支
- ☐ 直徑 1 吋 PVC 水管 10 公分 1 支
- ☐ 直徑 1 吋 PVC 水管 7 公分 2 支

⚠注意：PVC 水管通常只能買到一整支，以上長度可能需要水管切刀或鋸子自行裁切。

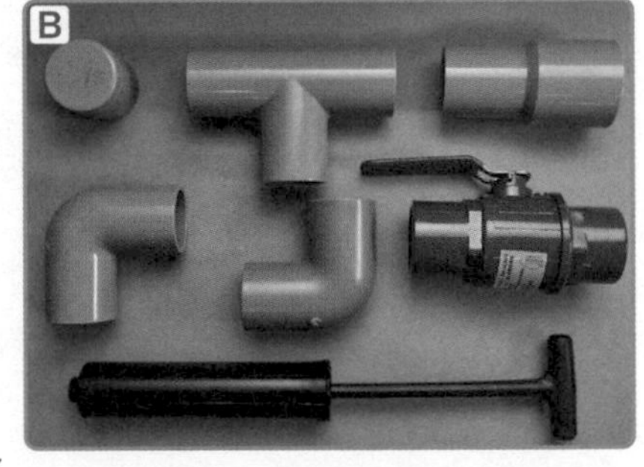


B
- ☐ 直徑 1 吋 PVC 水管塞 1 個
- ☐ 直徑 1 吋 PVC 水管三通 1 個
- ☐ 直徑 1 吋 PVC 水管 90 度彎管 2 個
- ☐ 直徑 1 吋 PVC 水管異徑接頭（規格 $1\frac{1}{4}\times1$）1 個
- ☐ 直徑 1 吋 PVC 水管球閥 1 個
- ☐ 汽球打氣筒 1 個

⚠注意：汽球打氣筒的直徑需要比 1 吋 PVC 水管略小。

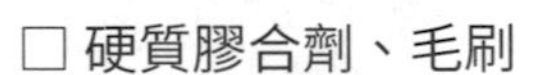

- ☐ 硬質膠合劑、毛刷
- ☐ 火箭紙模
- ☐ 雲彩紙、水管切刀或鋸子、美工刀、透明寬膠帶、雙面膠帶、絕緣膠帶

**實驗步驟：製作空氣火箭發射器**

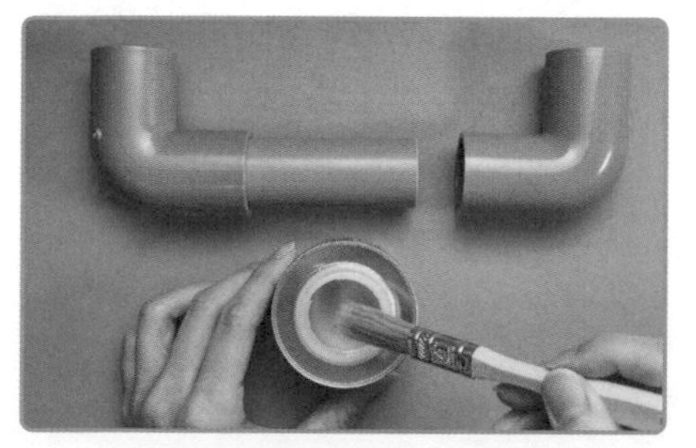

1 用毛刷把硬質膠合劑塗抹在 10 公分水管的一端並塞進 90 度彎管黏合，10 公分水管兩頭要黏上 90 度彎管。

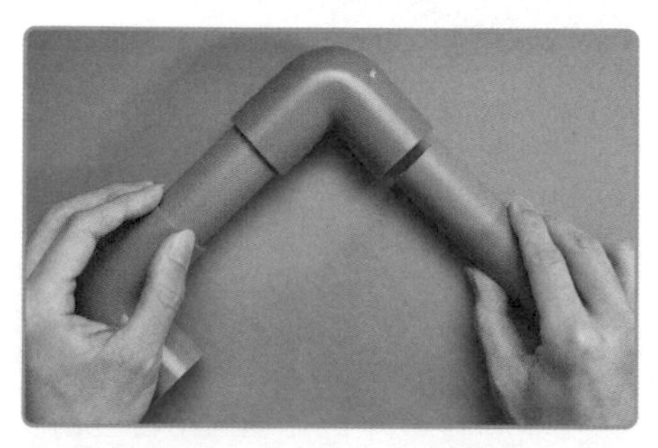

2 在 90 度彎管其中一端使用膠合劑黏上 25 公分水管。

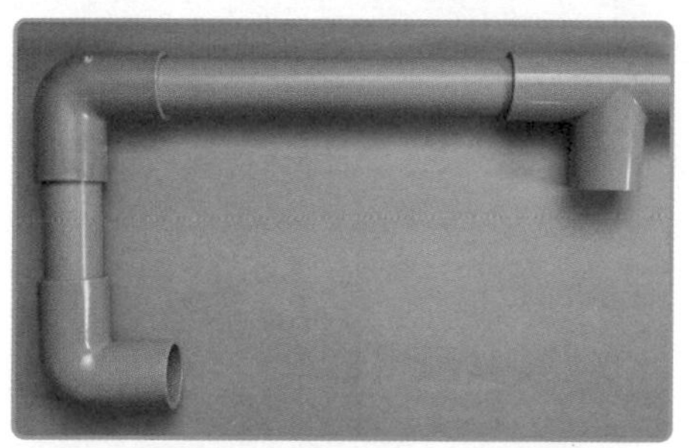

3 25 公分水管的另外一段使用膠合劑黏接三通管。

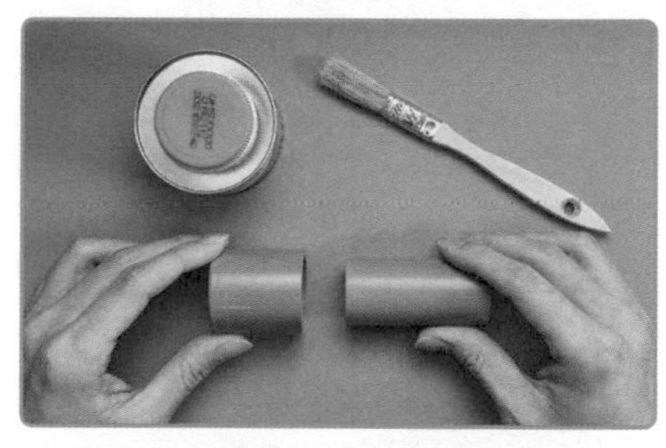

4 用膠合劑黏接 7 公分水管與管塞。

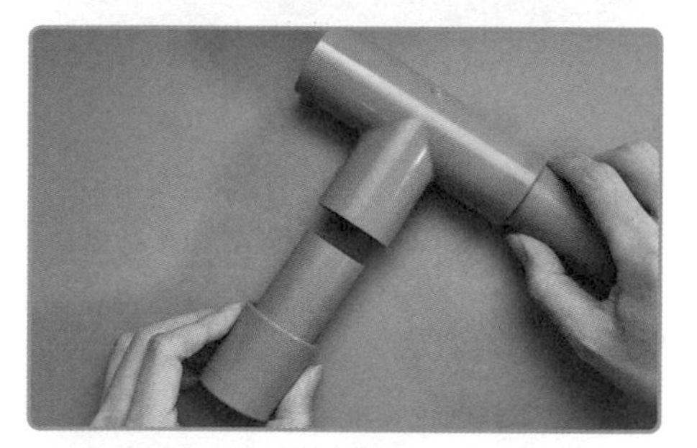

5 把步驟 4 的水管與管塞，依照照片指示用膠合劑黏接三通管的接口。

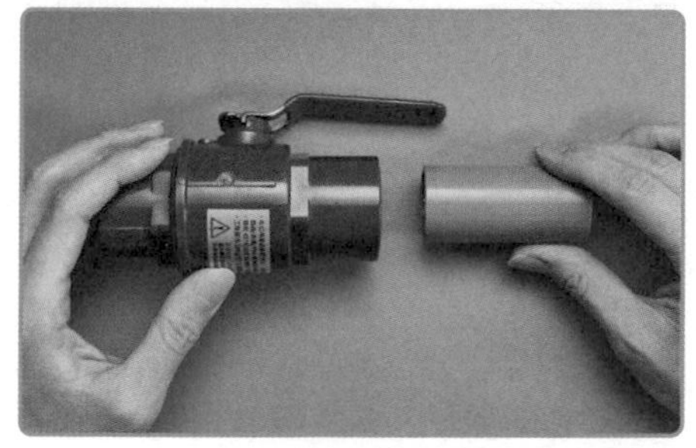

6 先把球閥的柄轉成平行方向，再把另外 1 支 7 公分水管，黏接在球閥握柄方向的接口。

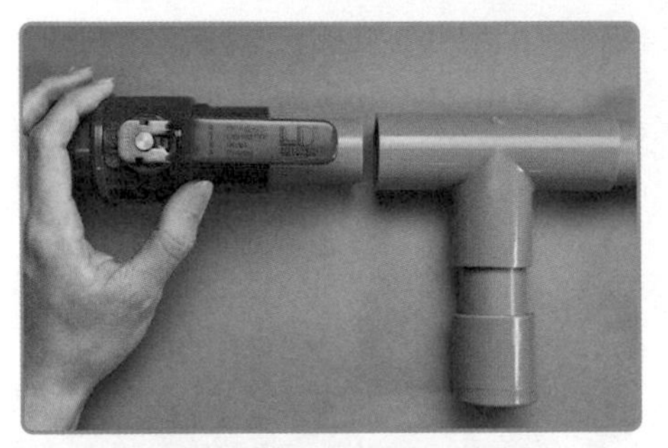

7 把步驟 6 完成的球閥與水管，黏接至三通管剩餘的接口。

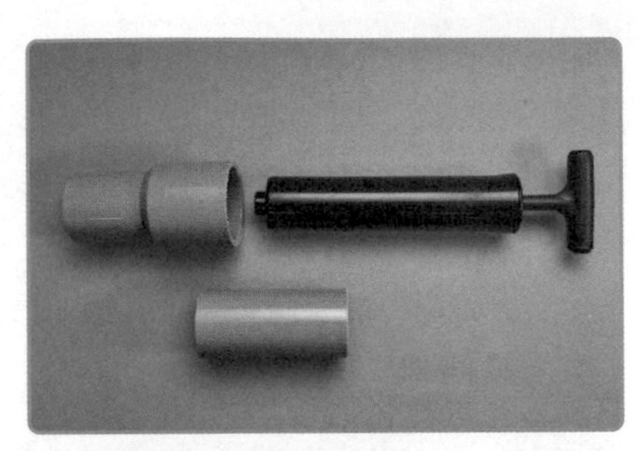

8 將異徑接頭套上打氣筒，確認是否剛好密合？

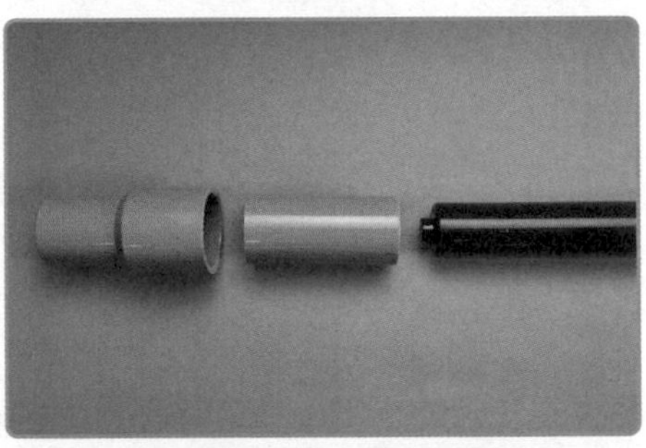

9 如果異徑接頭與打氣筒兩者之間的直徑差距過大，可以額外加上一段 1 吋 PVC 水管。

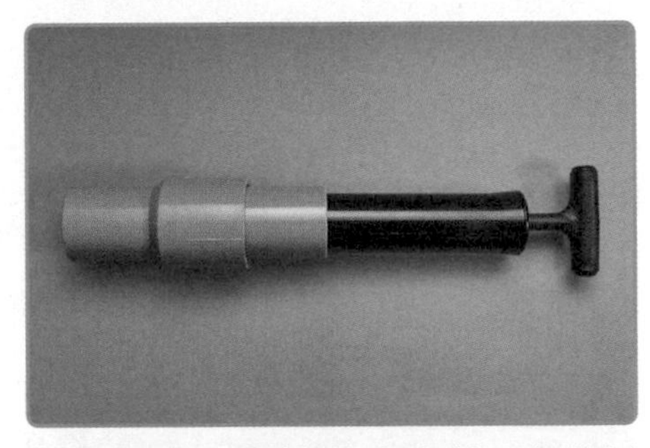

10 用絕緣膠帶纏繞在打氣筒頭部外側增加外徑至剛好塞進步驟 9 的 PVC 水管，最後用將膠合劑黏接。

11 另外一端的 90 度彎管，依序黏接上 25 公分水管以及步驟 10 的打氣筒。

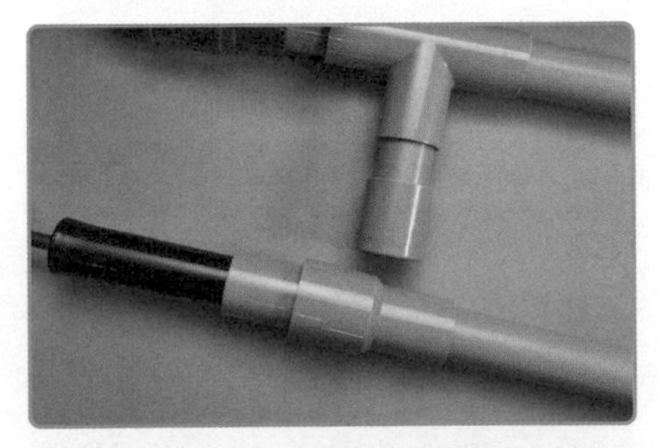

12 最後完成的所有組件請放置在通風處一天，等待硬質膠合劑完全乾燥。

**實驗步驟：製作空氣火箭**

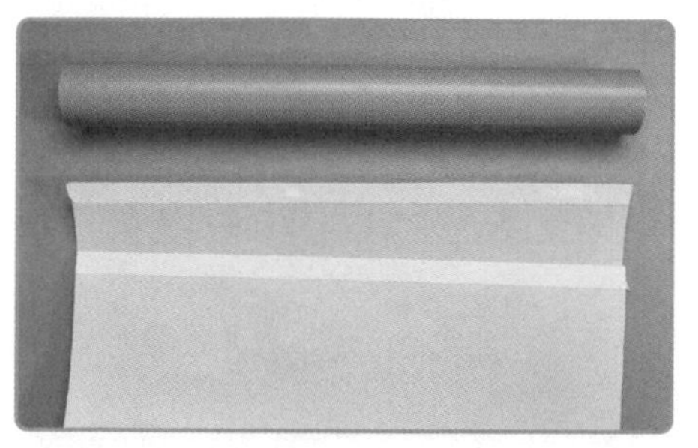

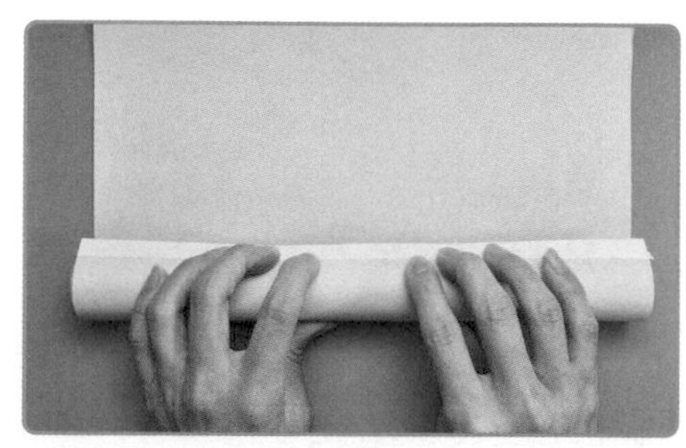

1 把雲彩紙裁切成 40 × 30 公分的長方形，並且在兩個 30 公分邊長分別黏上雙面膠帶，雙面膠帶要黏在紙的正反不同面上，撕去膠帶背膠捲在 30 公分水管外側。

2 再用雲彩紙裁切另一張 35 × 25 公分的長方形，並且在兩個 25 公分短邊黏上雙面膠帶，雙面膠帶要黏在正反不同面上，撕去膠帶背膠捲在步驟 1 紙捲外側。最後一共完成兩個紙捲。較短的黑色紙捲才是要發射的火箭。

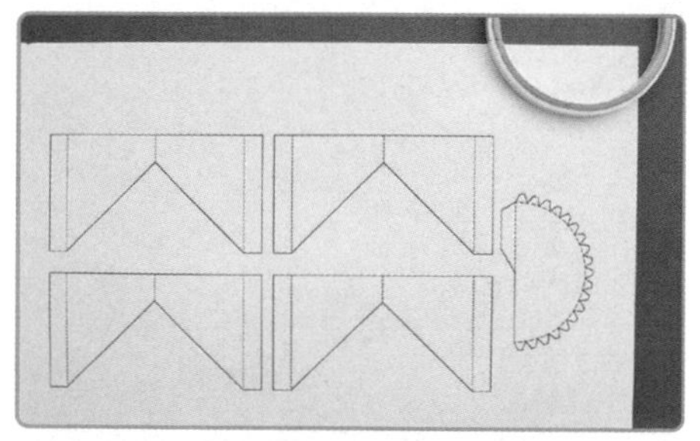

3 把火箭紙模用雙面膠帶固定四個角落在雲彩紙上。並且用美工刀背在沿著虛線上刻出折痕。

4 從紙模上切下所有零件，一共 4 片尾翼以及 1 片彈頭。

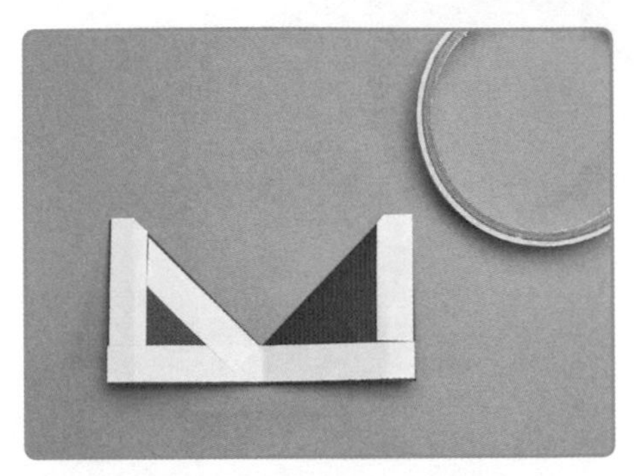

5 所有尾翼紙片，沿著折痕對折。

6 將所有尾翼紙片黏上雙面膠。

7 撕開雙面膠帶背膠將尾翼對折黏貼，注意別讓底下留邊黏接在一起，再把留邊的背膠撕去黏接在步驟 8 的紙筒，重複此步驟黏接 4 片尾翼。

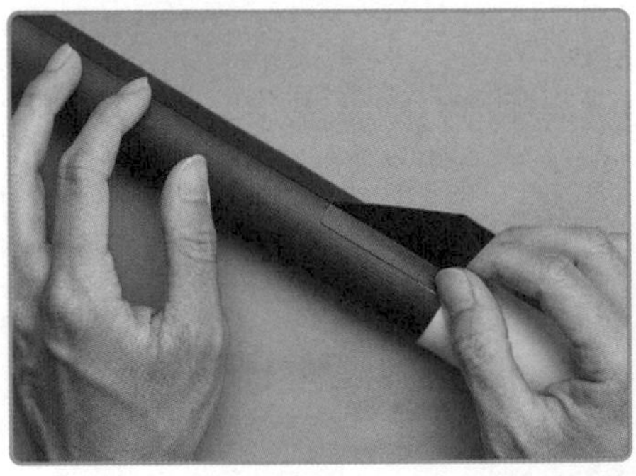

8 將尾翼黏貼在步驟 2 的紙筒底部。並且完成另外 3 片尾翼。

9 把半圓紙片使用雙面膠帶固定成圓錐狀。

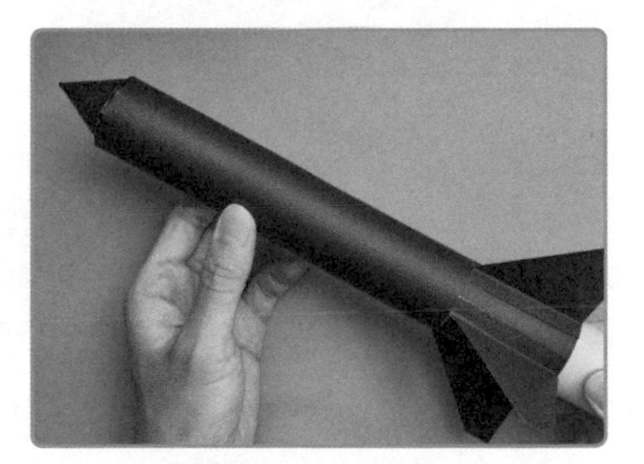

10 將圓錐底部的鋸齒紙片向內折，再用雙面膠帶或白膠黏接在步驟 8 的紙筒頂部，完成一個火箭造型的紙筒。

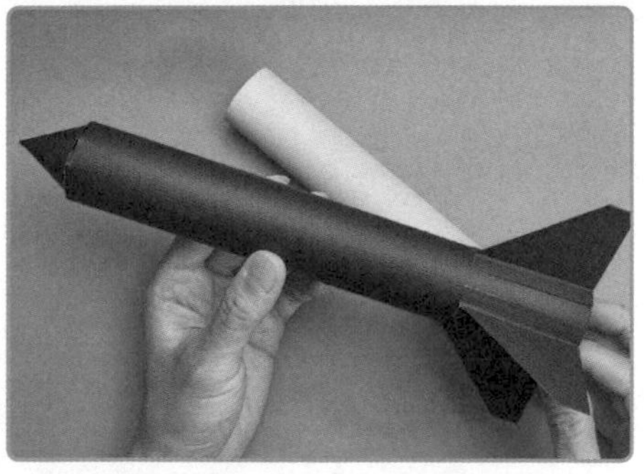
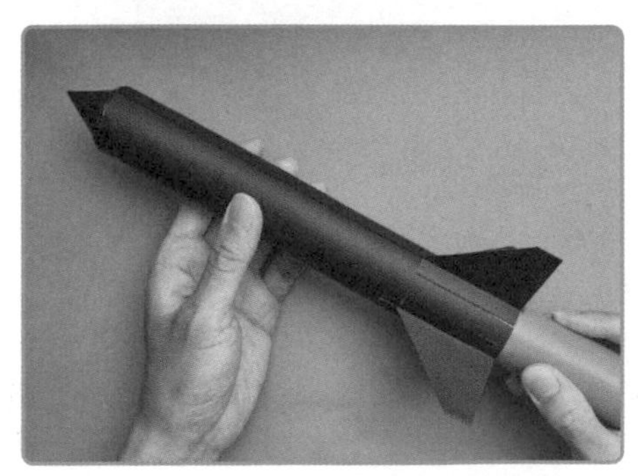

11 從火箭紙筒抽出裡面的紙捲，再套入 30 公分的 PVC 管上，就完成可以發射的火箭彈頭。

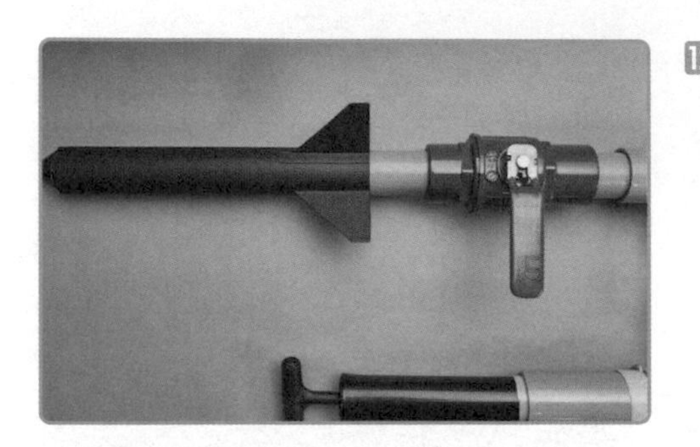

⑫ 把步驟 11 的火箭彈頭與水管直接塞在球閥的另一端，並且把球閥柄轉至 90 度位置。再使用打氣筒打氣加壓直到打不動為止。對準目標後快速轉動球閥柄就可以把火箭發射出去。

## CHALLENGE++

雖然完成的裝置比較像是飛彈，不過發射出去的氣勢卻是一點也不輸給金剛飛拳，並且火箭造型的設計其實可以讓彈頭飛得更快、更穩。如果想要改成拳頭造型，可以參考之前攻殼機動隊的機械仿生手臂設計，甚至可以在火箭上加上一條線，方便發射後回收。挑戰看看讓你的發射裝置更像金剛飛拳吧！

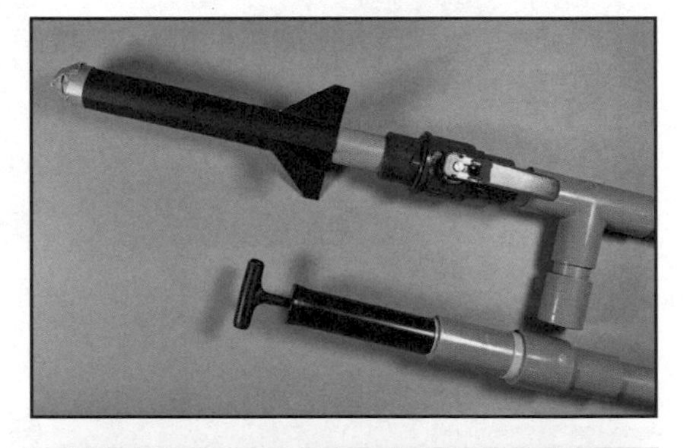

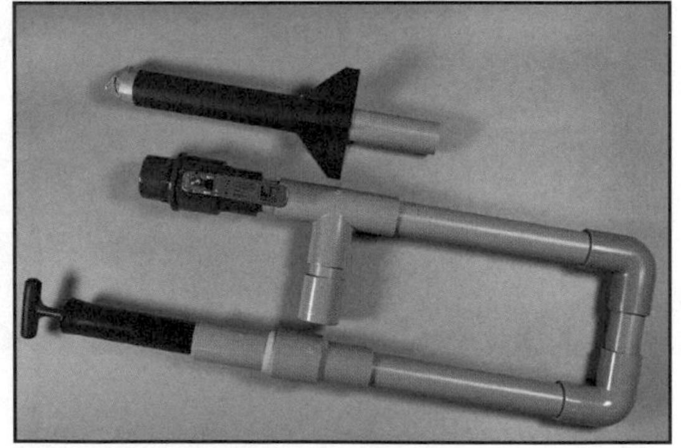

# 火箭紙模

請掃描 QRcode，下載紙模檔案。

列印時請選擇 A4 紙，原始尺寸列印。

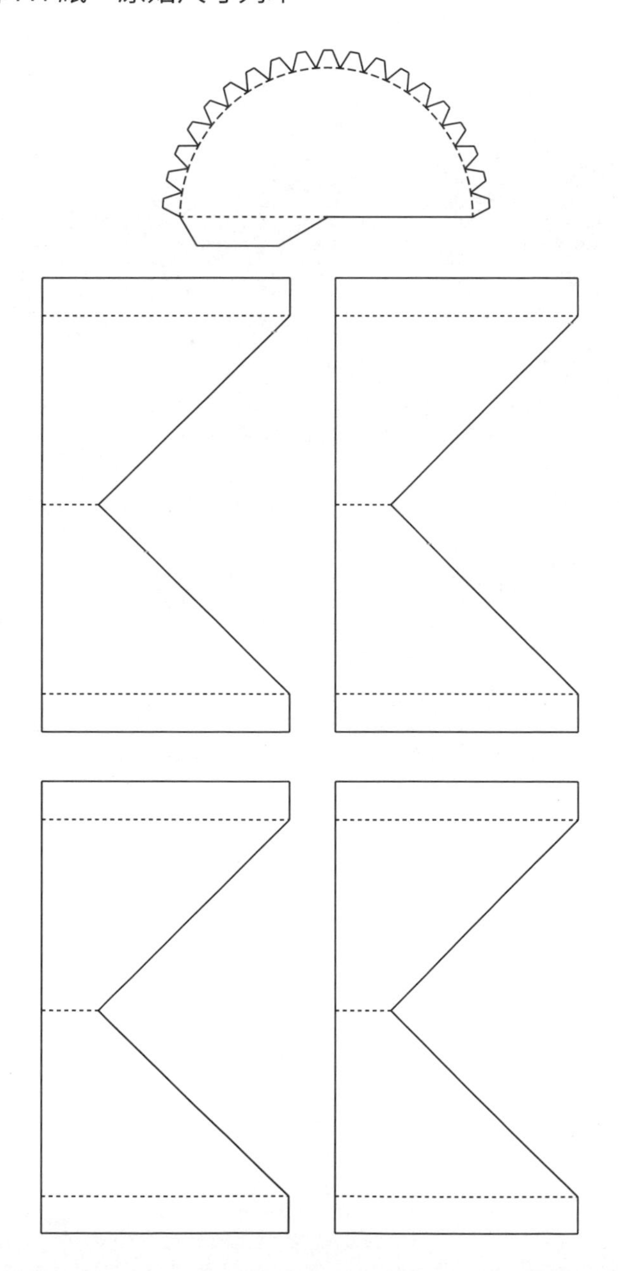

# 科 超電磁砲 RAILGUN

痛——!!

## 唯我超電磁炮永世長存

電磁砲可說是先進軍事大國的機密研發目標，利用電磁取代火藥，就可以將砲彈加速到十倍音速，簡直是未來的夢幻武器。雖然目前還在研發中，但是在漫畫《魔法禁書目錄》、《科學超電磁砲》中登場的主角——御坂美琴，可是直接超車軍事大國，用手就可以實現電磁砲的威力。

在故事裡，日本東京有一座代表「科學世界」的「學園都市」，不僅掌握高科技，也透過各種手段培養超能力者，然而卻因為意外闖入一位腦袋裡存放了上萬本魔法書的修女，引發魔法與科學兩大世界之間的紛爭。

御坂美琴是學園都市中最強的七位超能力者之一，其能力是「發電系」中最強的「超電磁砲」，可以操縱電磁力將硬幣以三倍音速射出，極具破壞力。

電磁砲不只是動漫畫中的幻想兵器，由於武器本身不是用火藥擊發，而是利用電流產生磁場、用磁力推動砲彈的原理，讓聲光效果額外具有未來科技感。因此，成為好萊塢電影的新嘗試，像是在電影《變形金剛：復仇之戰》中，美軍就從戰艦發射電磁砲打爆了狂派的「大力神」。

美軍所開發的電磁砲

以電力與磁場發射砲彈的概念最早可以追溯到第一次世界大戰，後續研發也一直沒有停過。美國海軍所開發的電磁砲，砲彈初速可以達到將近十倍音速，比漫畫還厲害！本來計畫裝在新型的朱瓦特級驅逐艦上，不過因為成本太高、高耗損等問題，所以只能暫停計畫。然而中國在 2018 年也宣稱在戰艦試射電磁砲成功，即將超車美國。

雖然現實中電磁砲還沒投入實戰，我們也沒有跟御坂美琴一樣具有發電系超能力；但還是可以先了解電磁砲的科學原理，試著做一把電磁……手槍吧！

# 科學戰略室

「電磁軌道槍（railgun）」可說是電磁砲的代表，英文原名雖然是 gun（槍），但是它的口徑及威力是可以做到火砲等級。電磁軌道槍的概念是在第一次世界大戰時，由法國發明家法洪－維勒普勒所提出。電磁軌道槍既然有「軌道」二字，就代表了它的主要結構是兩條長長的金屬軌道，用來發射的金屬子彈就架在這兩條軌道上，同時與兩條軌道接觸，就像是在鐵軌上的火車車廂。

一旦要發射電磁軌道槍，就要將兩條軌道分別連接上電源的正負極，電流從正極先進入其中一條軌道，然後再通過軌道上的子彈後，流入另一條軌道回到負極。

電流在軌道上流動時，會因為物理學上的「安培定律」而對四周建立起磁場；同時，承載著電流的子彈也在這個磁場下，就會受到一個磁場力，並且這個力正好是沿著軌道的方向，所以彈體就會因為受力而不斷加速前進。

## 電磁軌道槍的原理

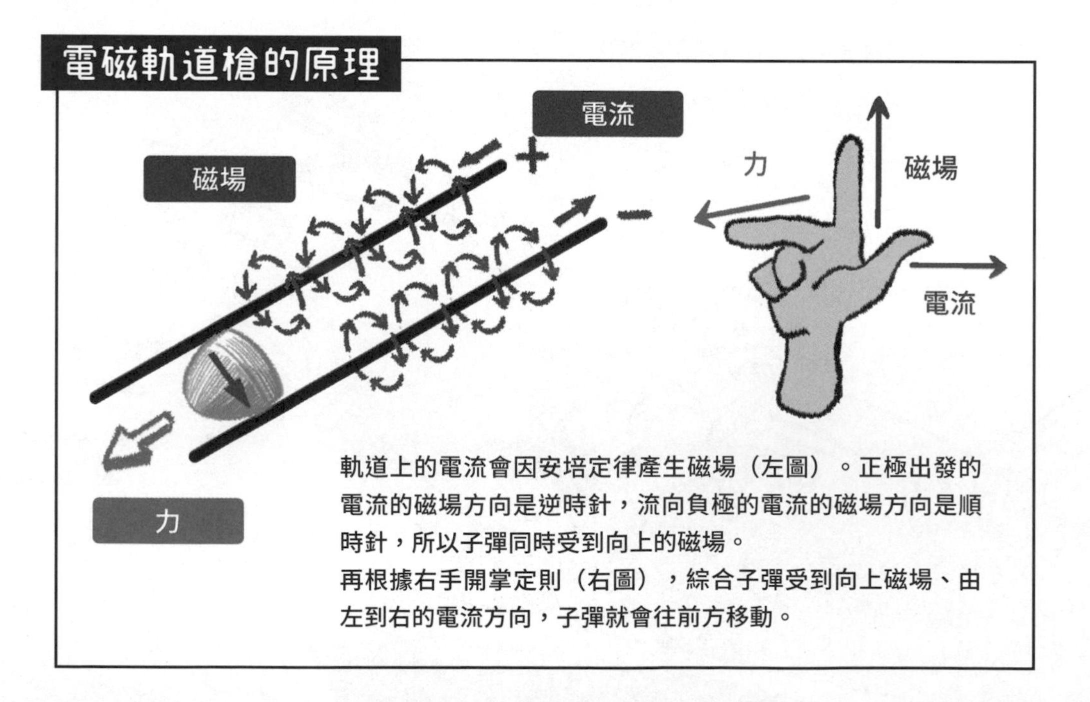


軌道上的電流會因安培定律產生磁場（左圖）。正極出發的電流的磁場方向是逆時針，流向負極的電流的磁場方向是順時針，所以子彈同時受到向上的磁場。
再根據右手開掌定則（右圖），綜合子彈受到向上磁場、由左到右的電流方向，子彈就會往前方移動。

# 科技藍圖

在實際武器設計上，電磁軌道槍需要強大的電流，和超級長的軌道，才能發射出極具威力的子彈。但是在家裡只有乾電池的話，我們可以嘗試利用強力磁鐵，來彌補電力的不足，製作出安全、無殺傷力又高科技的電磁軌道槍。

## 實驗兵工廠

### 材料與工具

□ 3 號電池 3 個
□ 小文書夾 2 個
□ 圓形強力磁鐵（直徑 2 公分 x 高 0.5 公分）5 個
□ 鋁箔紙 1 捲
□ 瓦楞紙板（40x30 公分）2 片
□ 切割墊、美工刀、剪刀、直尺、熱熔膠槍、雙面膠帶（寬度約 1.2 公分）

A
□ 3 號 3 只電池盒 1 個
□ 復歸式開關（無段按鈕開關）1 個

### 實驗步驟：製作電磁砲手槍軌道

1 在瓦楞紙板並排貼上 4 條雙面膠帶，每條長度 20 公分。

2 將步驟 1 貼上雙面膠的紙板分別切下，一共 4 片長條瓦楞紙。

3 重複步驟 1，紙板再貼上 4 條雙面膠帶。之後將步驟 2 的一片長條瓦楞紙片，對齊瓦楞紙板上雙面膠貼上。

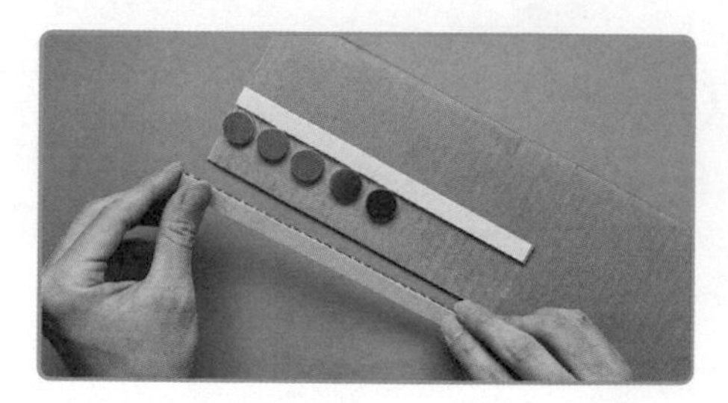

4 取 5 顆圓形強力磁鐵，確認每個磁鐵的同磁極都朝上，並沿著長條瓦楞紙片貼上紙板。最後在磁鐵另一邊黏上另一條長條瓦楞紙片。

⚠注意：可以用磁鐵互吸或互斥，來確認磁極是否一樣。強力磁鐵磁力很強，請小心操作避免受傷。

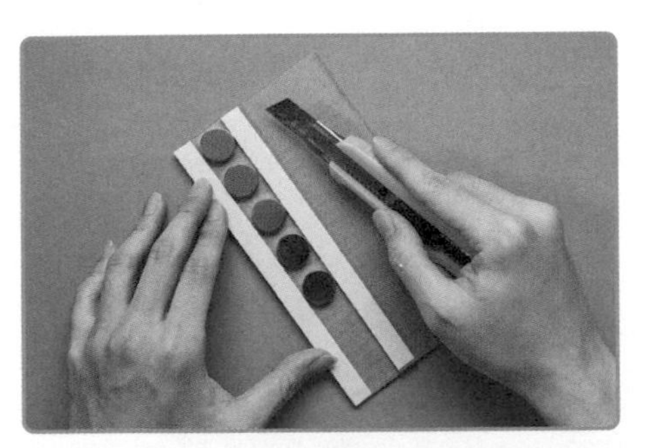

5 切除步驟 4 裡長條紙板之外的多餘區域，只保留照片中的大小。

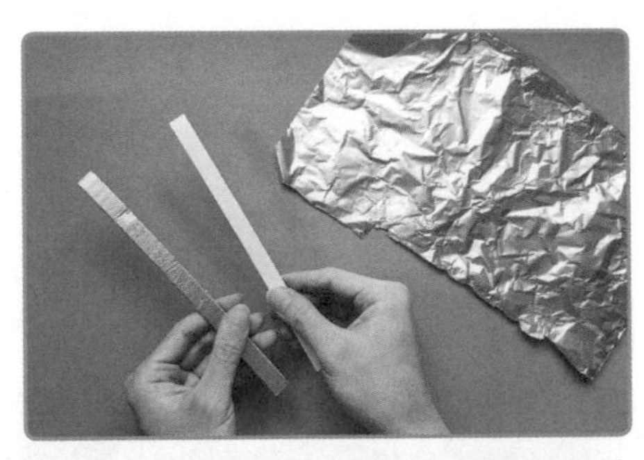

6 將步驟 2 剩下的兩條長條瓦楞紙片撕去一面背膠，並且貼上鋁箔紙。

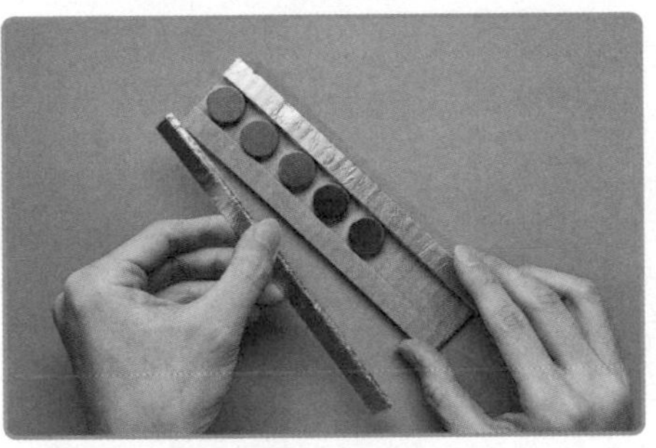

7 撕開磁鐵兩側瓦楞紙片的背膠，各貼上步驟 6 的兩片鋁箔紙片。注意有鋁箔的那面朝上。

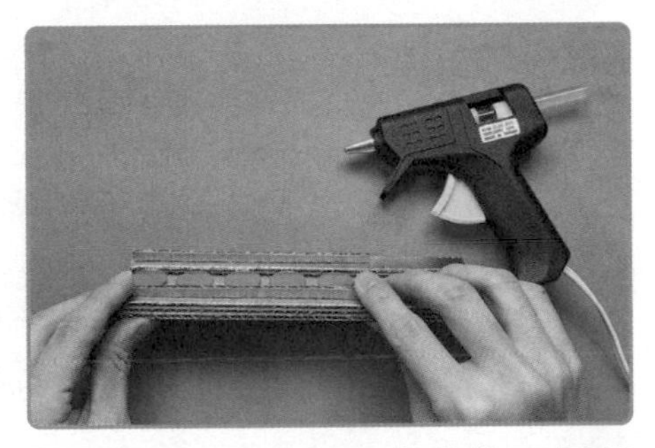

8 裁切兩條 11×0.5 公分的瓦楞紙條，並且使用熱熔膠依照照片指示，直立黏在兩條鋁箔紙條的中央。

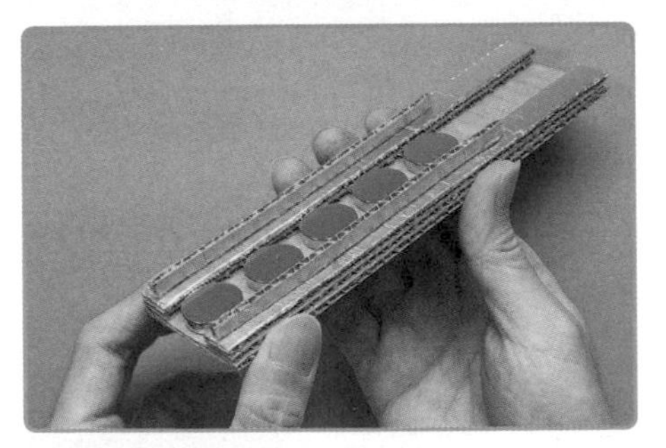

9 兩條瓦楞紙條的間距約 3 公分。

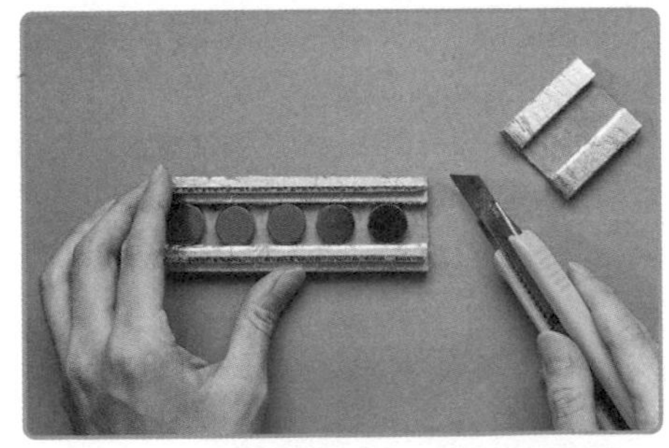

10 切除瓦楞紙板右側多餘的部分，大約從距離磁鐵 1 公分處切除。完成電磁砲手槍軌道。

## 實驗步驟：製作電磁砲手槍握把與子彈

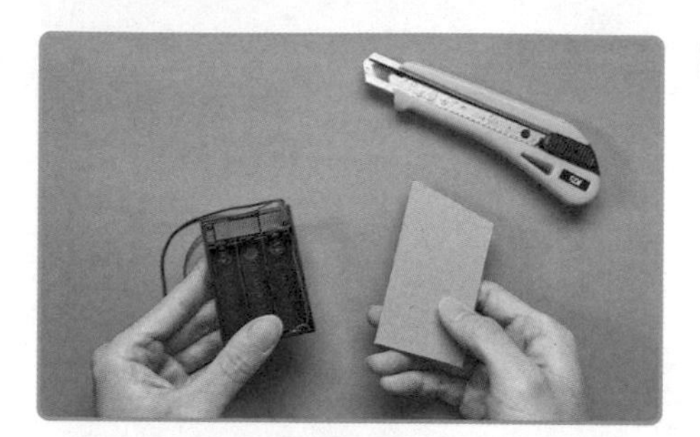

1 利用電池盒當作模板，在瓦楞紙板切出一片與電池盒大小類似的梯形紙板，一共裁切 3 片。梯形紙板傾斜的一邊最後會黏上軌道。

⚠注意：梯形紙板會是手槍握把，可以先試握看看尺寸是否符合手掌。

2 使用熱熔膠將這三片紙板相疊黏接在一起。

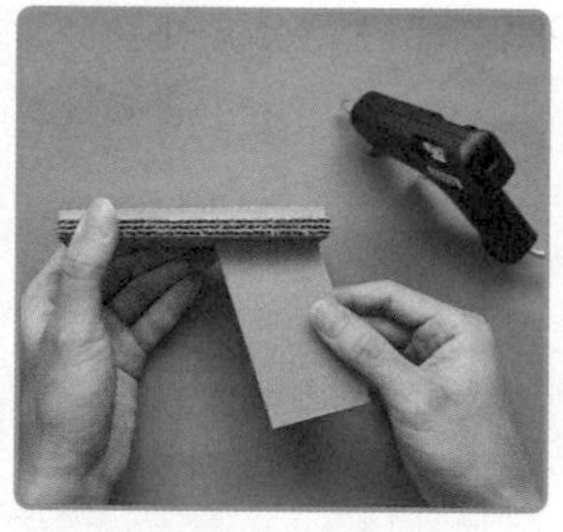

3 用熱熔膠將步驟 2 的紙板黏在手槍軌道下方，組裝成手槍的造型。

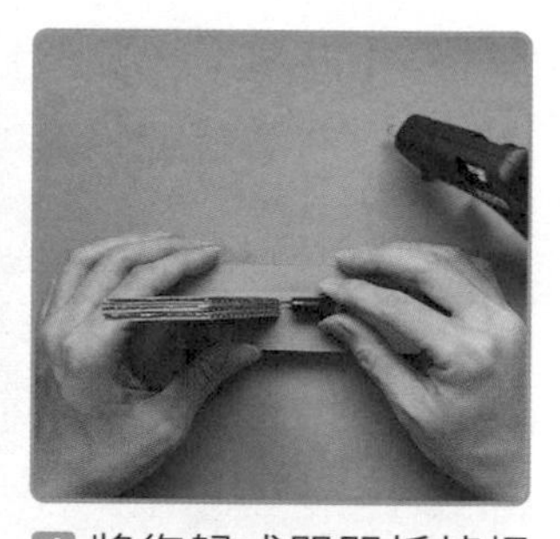

4 將復歸式開關拆掉螺帽，並且用熱熔膠固定在握把前方。可以先試握看看，確認手指可以按下開關。

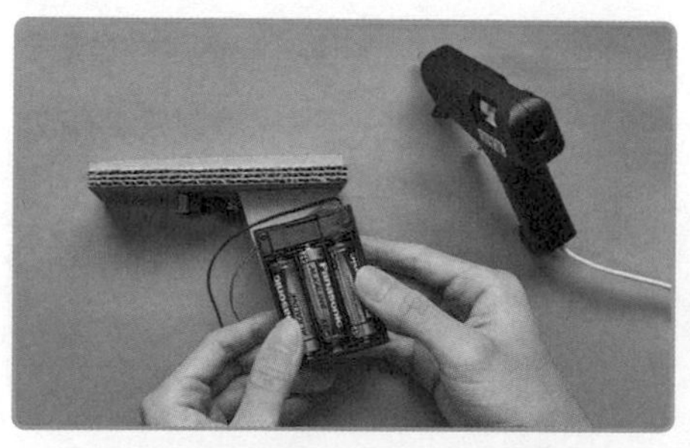

5 用熱熔膠將電池盒固定在握把上，注意電池盒的兩條電線朝上方。

6 用剪刀將紅色電線剪成一半，另外一半紅色電線不要丟棄。

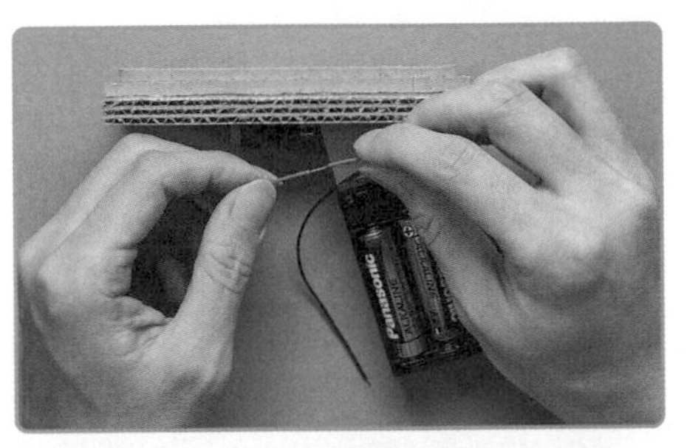

7 用剪刀將紅色電線外皮輕輕壓出一道切口但不要剪斷（切口離電線末端約 2 公分），再用手指轉動電線剝去外皮。

8 將剝好皮的電線綁在開關的其中一支金屬腳上。步驟 6 被剪下的紅色電線剝好外皮後也綁在開關的另一支金屬腳上。

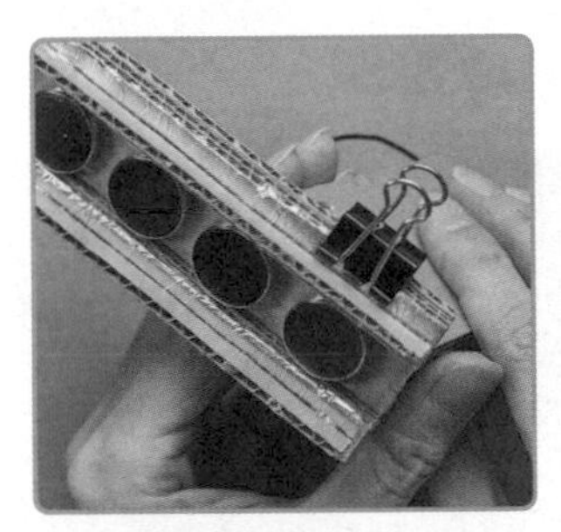

9 將電池盒的黑色電線以及開關連接出來的紅色電線頭各剝除外皮約 1 公分，再利用文書夾將兩條電線夾在軌道的鋁箔上。

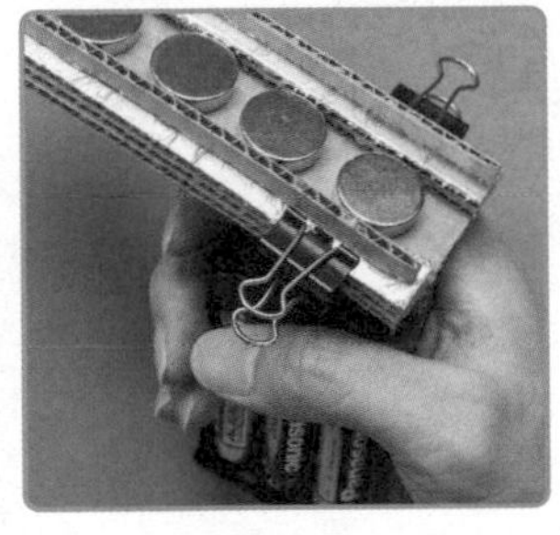

10 紅色電線與黑色電線需要分別夾在軌道的兩側鋁箔上。

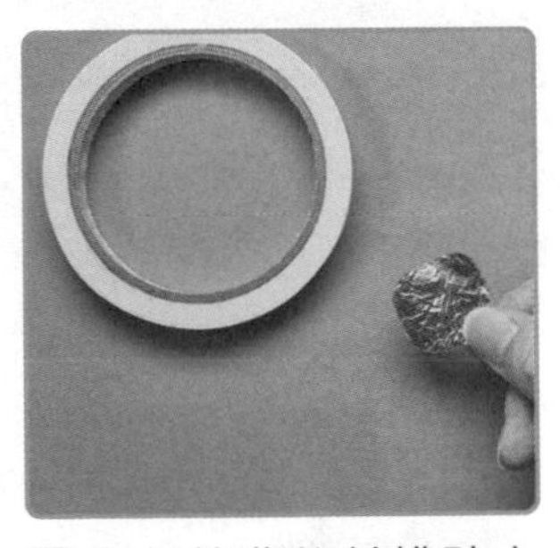

11 在鋁箔背後並排貼上兩條雙面膠帶，摺疊鋁箔讓雙面膠帶黏在一起，並剪下一個直徑約 2.8 公分的圓片當作子彈。

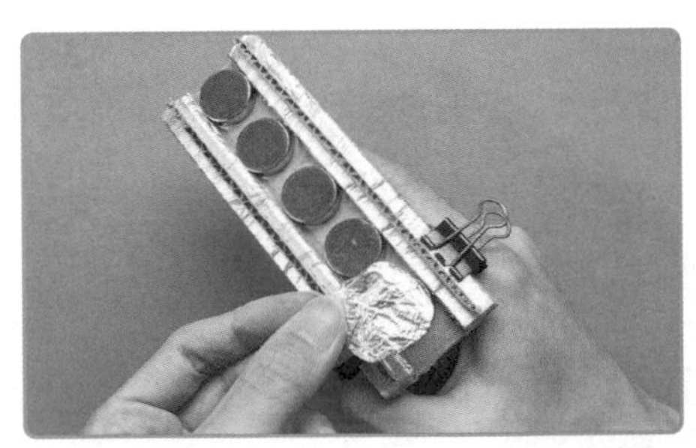

12 將圓形鋁箔子彈放在軌道上後按下開關，子彈就會沿著軌道發射出去。

⚠注意：子彈寬度需要確實接觸軌道兩側的鋁箔，這樣才能保持通電的狀態。如果發生子彈往後射的情況，可以將紅色電線、黑色電線互換，改接另外一邊的鋁箔軌道。

# CHALLENGE++

你還滿意這把電磁砲手槍嗎？如果發現射出的砲彈不夠快，或是單手不好操作，又要如何改造呢？既然是有「電」、「磁」兩個關鍵字，當然是要先從這兩個地方開始改造。

## 增加磁力

增加磁力的方式，可以延長軌道的長度、鋪設長形磁鐵條增加磁力。

你應該有發現把圓形磁鐵一個個黏上軌道時，磁鐵會因為強力磁性而使彼此之間距離分得很開，也很難黏好固定。如果換成長條形磁鐵，就可以改善這個問題。

長條形磁鐵不但方便安裝在軌道上，連續的磁場更可以順暢的推動子彈。

## 增加電力

想要提高電力則是可以增加電池串聯的數量。

想要增加電池的數量，最簡單的方法就是再串聯一組的電池盒。而且電池盒還可以改用 4 顆電池裝。

掌握到電磁砲手槍的改造訣竅了，接下來就換你把這些技巧融合、發揮在新版電磁砲手槍上，可以在下方先規劃好設計圖，再一步步運用材料完成。

## 我的超展開實驗紀錄

「登登登，登能登、登能登……」只要電影《星際大戰》這個音樂一響起，腦海中立即浮現絕地武士揮動光劍，與敵人決鬥的畫面。《星際大戰》是由名導演喬治・盧卡斯執導的科幻經典，從 1977 年總共推出九部正傳電影，連同動畫與電視劇，就連最會擴展系列的漫威宇宙也得叫聲大哥。

電影背景是在「銀河帝國」以黑暗勢力統治整個銀河系下，正義的一方「絕地武士」起而對抗的故事。故事裡有著宇宙艦隊大戰之外，絕地武士與西斯戰士各自驅使「原力」的光劍戰鬥，也大受觀眾歡迎。光劍也成為此系列電影最具代表性的武器。

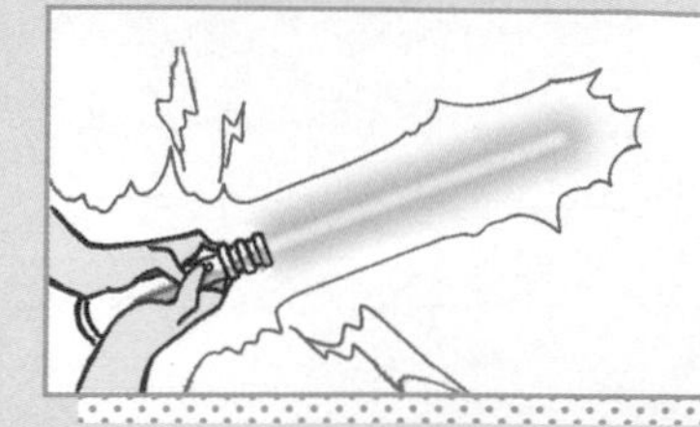

光劍是《星際大戰》的代表性武器，光劍的顏色也代表善惡陣營，像是黑武士等黑暗陣營就揮舞著紅色光劍，絕地武士則大多是綠色或藍色。在戰鬥時，絕地武士會將原力注入劍柄，產生長約一公尺的能量劍刃。光劍不但可以砍斷任何物質，也可以抵擋槍彈。

光劍在真實世界中是可能存在的嗎？既然叫光劍，是不是可以用雷射光來製作呢？現在的高功率雷射，的確可以切割各種材料，美軍也已經在開發真正的雷射武器了。不過只要沒有障礙物，雷射光會往無窮的遠處射去，所以就不可能像原力光劍一樣，控制劍刃長度。

**美國海軍開發的雷射武器系統，裝置在船艦上，用來破壞或反制無人機和敵方小艇。**

另一個可能是火焰，將存放在高壓鋼瓶中的可燃氣體噴出來並點火燃燒，超過攝氏 2000 度的高溫連金屬都可以切斷！由於氣體高速噴出，所以火焰的形狀細細長長，也像光劍。但這麼一來，絕地武士和西斯對戰都要額外背個巨大的氣體鋼瓶，看起來一點也不帥氣啊！

而且這兩種方法都有一個大問題，就是無法展現格檔防禦，導致雙方的劍刃穿過彼此而砍中對方。更重要的是，實際做出這些殺傷力強大的光劍可是會違反「槍砲彈藥刀械管制條例」。因此，這次要在安全的前提下，製作一把酷炫、又適合揮舞格檔的光劍！當然如果你本身就有原力，只要找一把劍柄就可以。

## 科學戰略室

想要製作出酷又安全的光劍，關鍵在於要有多種顏色又亮度高的光源，所以要借重現代的光電科技：「發光二極體（LED）」。

### 發光二極體（LED）

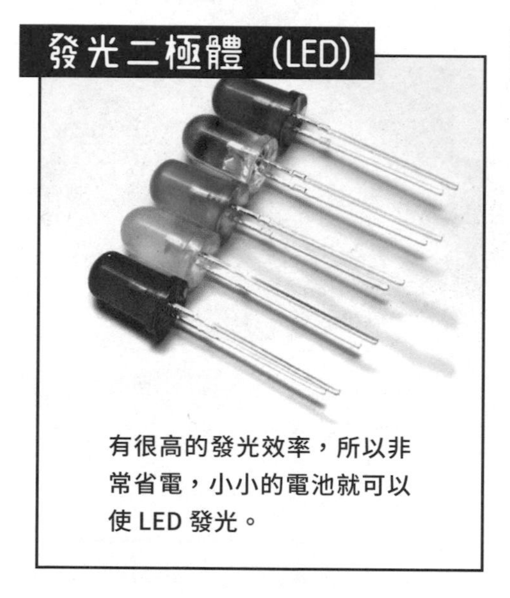

有很高的發光效率，所以非常省電，小小的電池就可以使 LED 發光。

### 白熾燈

利用燈絲通電發熱並發光的原理，但是大部分電能都轉換成熱能，發光效率不佳。

LED 發光的原理是因為內含兩種半導體：P 型半導體與 N 型半導體。當 LED 通電時，電能會驅動 P 型半導體的電洞與 N 型半導體的電子相遇，兩者結合產生光。因此，電能可以直接轉化為光能。這次要使用 LED 手電筒和 LED 燈條，製作出一把耐打又可以自己調色的光劍。至於要哪種顏色？就看你要選擇加入絕地陣營或是西斯陣營囉！

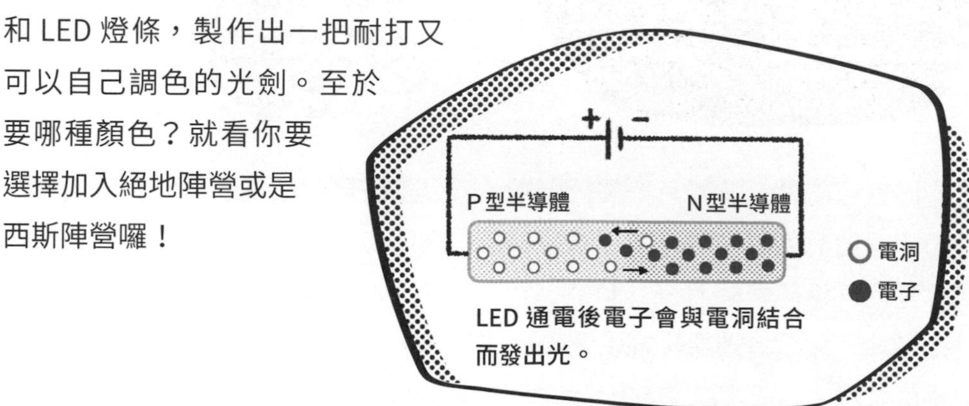


LED 通電後電子會與電洞結合而發出光。

# 科技藍圖

基本型
LED
手電筒
紙捲
OR
泡棉管

接下來是……

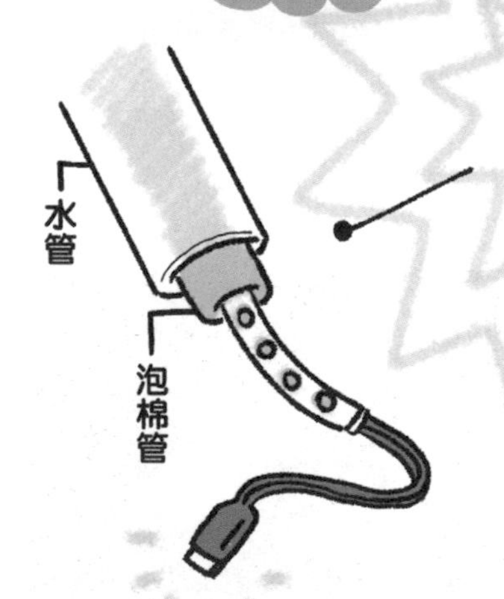
進階型
發光源：
LED燈條
水管
泡棉管

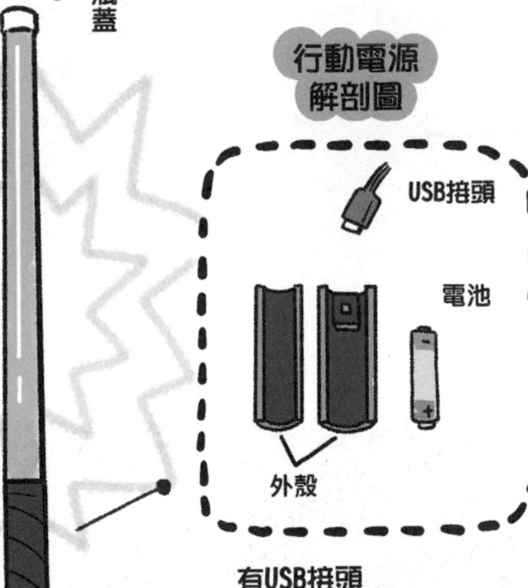
瓶蓋
行動電源
解剖圖
USB接頭
電池
外殼
有USB接頭
可以接行動電源。

# 實驗兵工廠

## 基本版光劍

### 材料與工具

- □ 各色泡棉管（外徑5公分、內徑2.5公分、長50公分）1支
- □ LED手電筒（外徑約2.5～3公分，長度不拘）1支
- □ 透明膠帶、美工刀、剪刀

### 實驗步驟

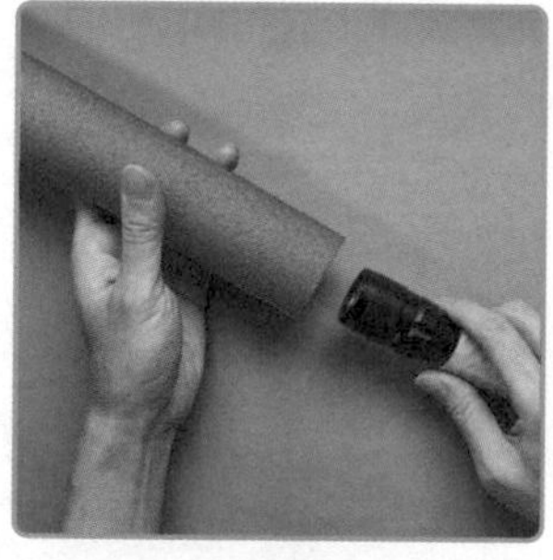

1 選擇喜歡的顏色泡棉管，並套上LED手電筒前緣。

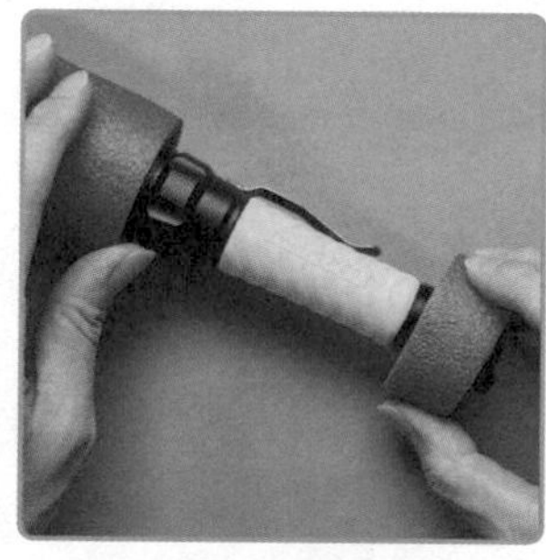

2 可多切一段泡棉管，套上手電筒末端，當作劍柄裝飾。

3 打開手電筒開關，就可以看到LED燈透過泡棉管產生各種顏色。

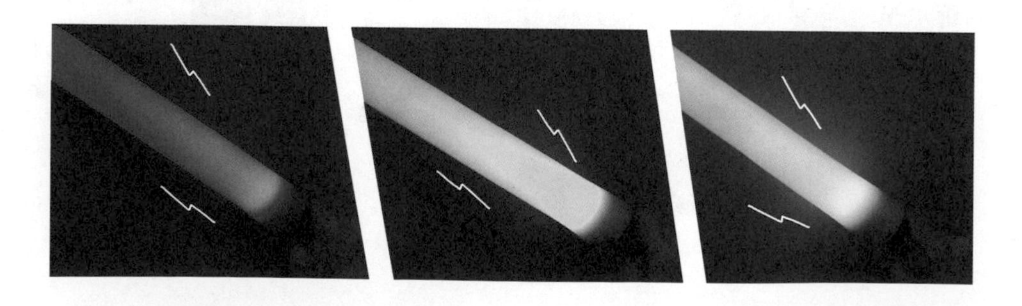

## 進階版光劍

### 材料與工具

- □ 水族用透明水管（長約 60 公分，外徑 2.5～3 公分、內徑 2.2～2.7 公分）1 根
- □ 白色泡棉管（可塞入透明水管）1 根
- □ 寶特瓶瓶蓋 1 個
- □ 各色瓦楞紙（4 開尺寸）1 張
- □ 熱熔膠槍、膠帶、雙面膠、剪刀、美工刀

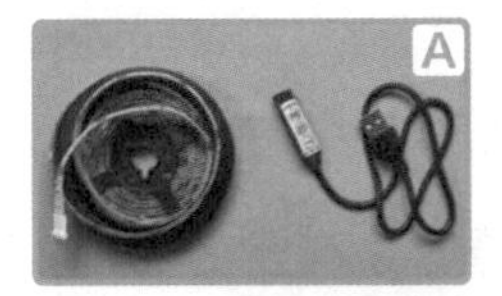


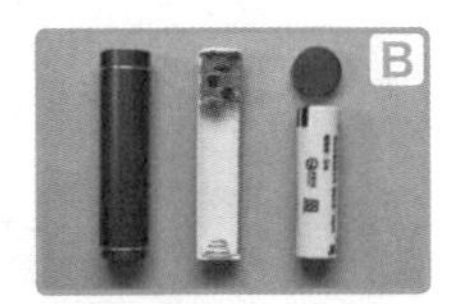


A
- □ LED 燈條（長約 1 公尺）1 條
- □ LED 燈條燈光控制器（具 USB 接頭）1 個

B
- □ 棒狀行動電源（外徑 2.5 ～ 3 公分，長度不拘）1 個
- □ 18650 鋰電池 1 個

### 實驗步驟

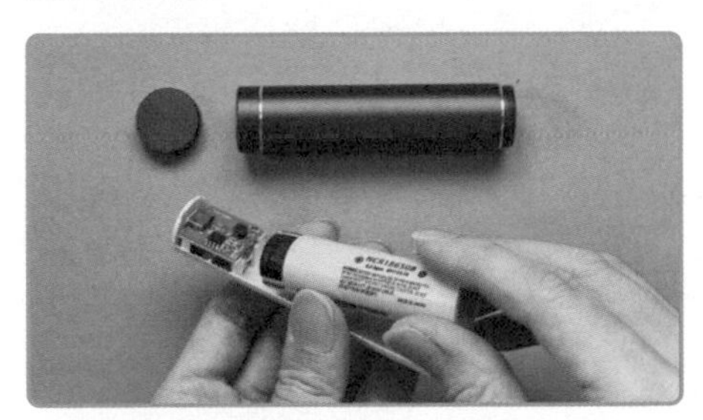

1 將 18650 鋰電池裝入棒狀行動電源中。

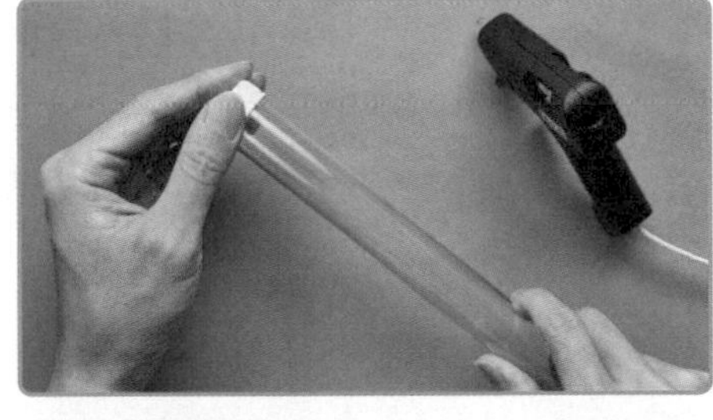

2 使用熱熔膠槍將寶特瓶瓶蓋黏在水管頂端。

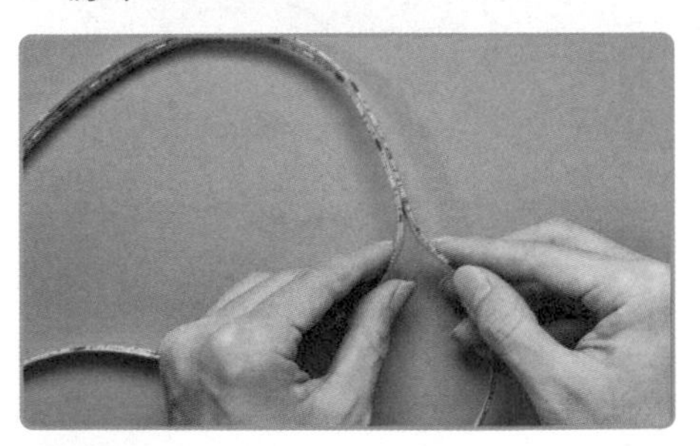

3 撕下 LED 燈條的背膠膜，並對折黏成一個約 50 公分長條。

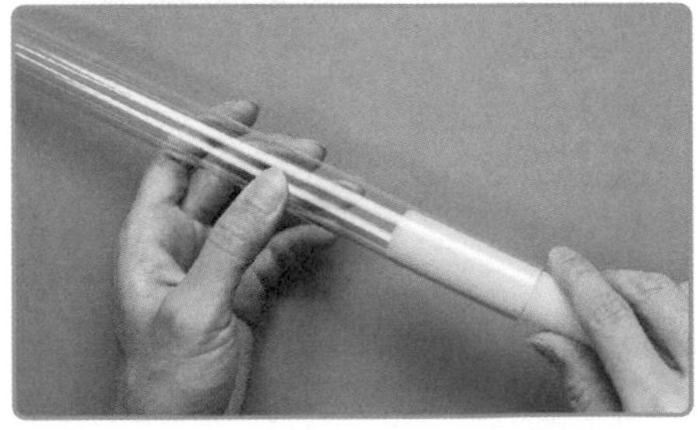

4 把泡棉管裁切成水管長度，並塞入步驟 2 的水管。

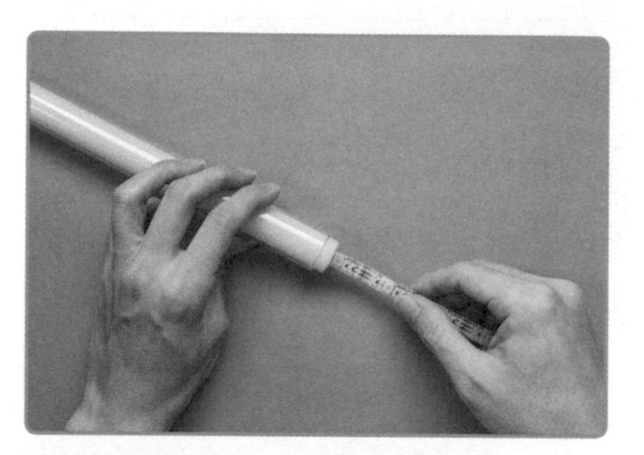

5 將步驟 3 黏好的燈條插入水管。

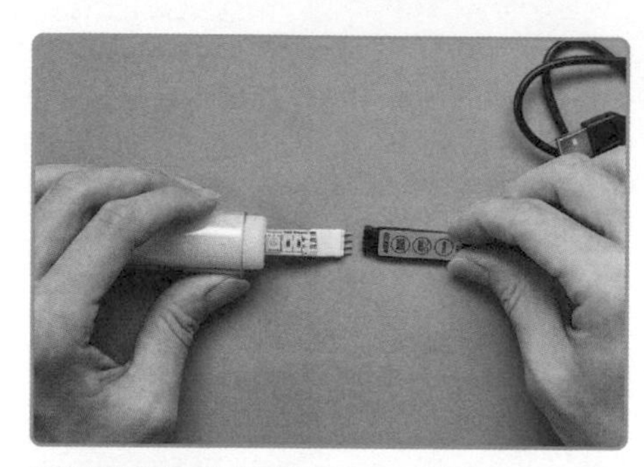

6 將燈條末端的接頭，接上 USB 燈光控制器。

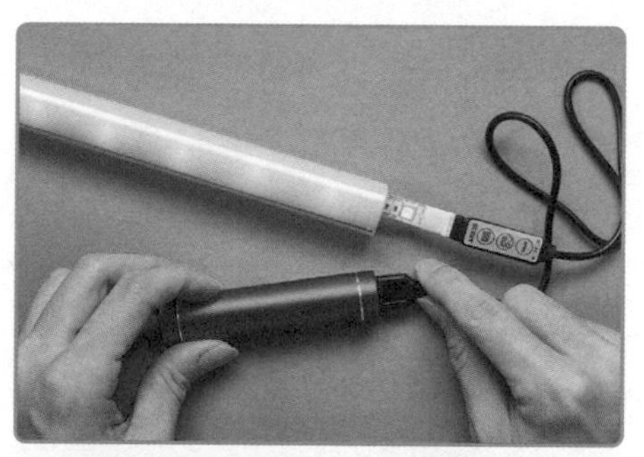

7 將 USB 接頭插上行動電源並啟動開關，測試是否可以發亮。

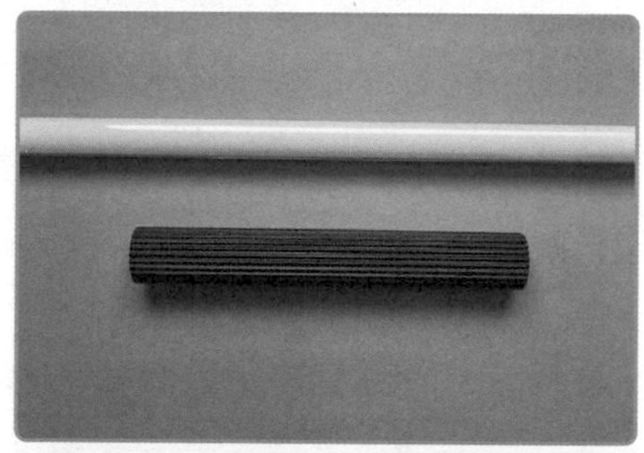

8 使用瓦楞紙圈起水管，再用雙面膠與膠帶黏貼固定，製作出劍柄。

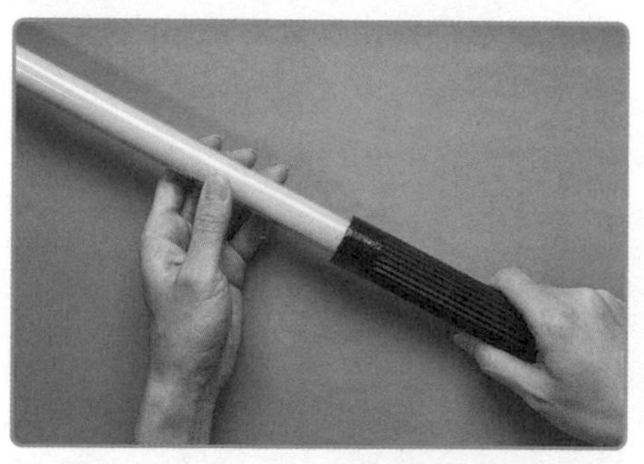

9 將裸露在外的 USB 線與行動電源放入劍柄內，再套上水管，就完成光劍。

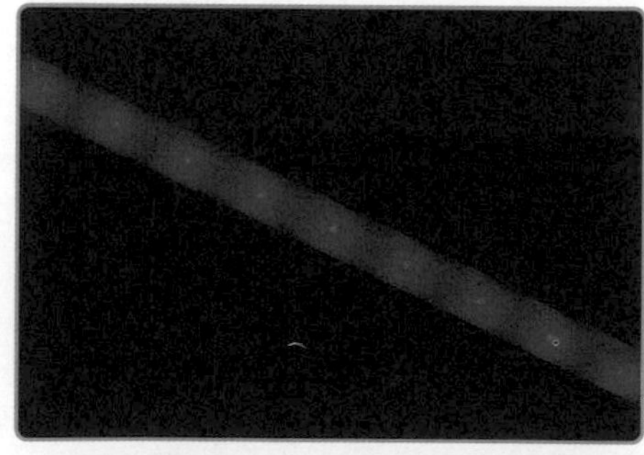

10 測試 USB 控制器調整顏色與開關，這就完成進階版光劍。

# CHALLENGE++

你最後是加入西斯陣營，還是絕地陣營呢？不管哪一個陣營，手上的光劍真的很炫，即便沒有原力加持，揮舞起來還是酷到不行。

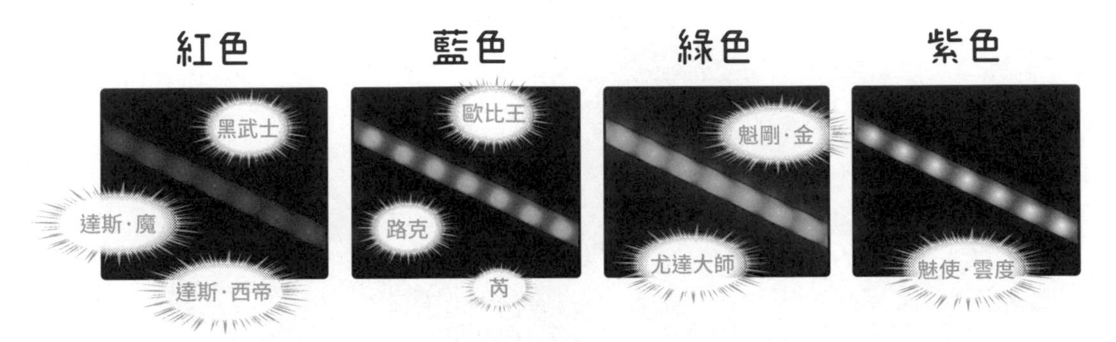


不過仔細觀察，除了自己沒有原力以外，手上這把光劍似乎還可以改進。例如：光源不是很均勻，可以看到 LED 的發光顆粒；劍柄設計不夠好，調整光源和充電都很麻煩。

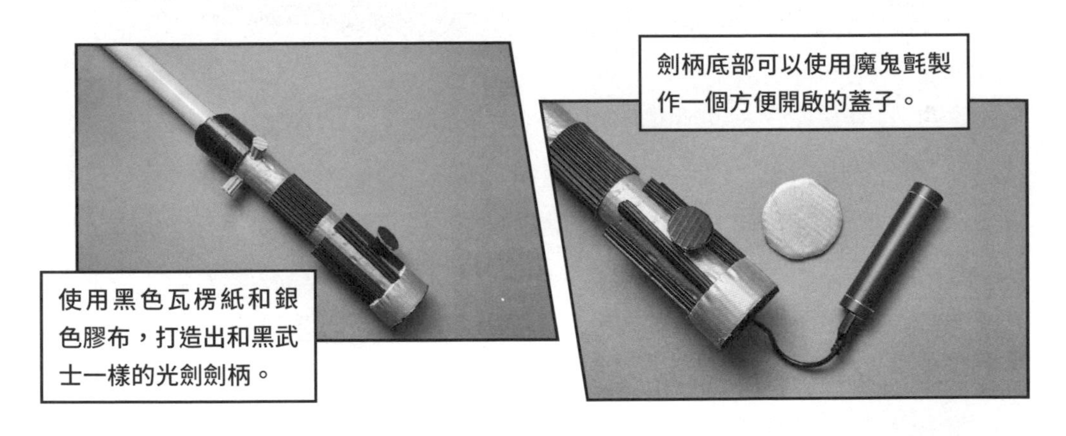


如果想要光劍發光更均勻、劍柄外型更帥氣、或是揮動時有「嗡嗡」的擬真音效，就需要更專業的材料與工具。製作一把連絕地武士都滿意的光劍，則要向鑄劍大師學習銲接技巧，準備更多的 LED 燈、音源發聲器、程式電路板等。當你完成後，或許原力就與你同在了。

鑄劍大師
臥雲工作室

# 蜘蛛人 蜘蛛絲發射器

## 能力越大，責任越大

中二高中生身穿連身服和面罩，像猴子一樣在高樓大廈裡盪鞦韆，任誰都想不到這種設定——還有倒楣被劇毒蜘蛛咬一口，竟然會成為漫畫中的超級英雄。這位超級英雄就是美國漫威漫畫裡的《蜘蛛人》，真正身分是彼得・帕克。原本彼得是一位超級平凡的高中生，只因為在校外教學中意外被放射線照射的蜘蛛※咬到，而擁有了蜘蛛的特殊能力——手指長出倒刺，可以吸附任何表面。

蜘蛛人雖然具有強大力量與反應神經，甚至可以發射蜘蛛絲，在大樓間穿梭、抓住壞人，但和美國隊長或鋼鐵人這種心志堅定、受人信任的成年超級英雄比起來，還在青春期的蜘蛛人就顯得生嫩許多。他有時候會像高中生一樣懷抱著各種青春期的煩惱；有時卻要鼓起勇氣面對壞人、拯救百姓。這也是家人班叔一直不斷提醒他「能力越大，責任越大」。

※ 在電影中則是被基因工程改造過的蜘蛛咬到。

不過一隻蜘蛛體型不大，就是一隻不起眼的蟲子，要是和人類正面對決，可說一點勝算都沒有。那彼得就算獲得了蜘蛛的力量，應該還是很弱小吧？其實在生物力學中，各種動物能力的強或是弱，可不是這樣單純比較的，而是需要先以動物自己體型為比較基準。例如：蜘蛛擁有的力量可以舉起自己體重 200 倍的重物，蜘蛛跳躍能力可以跳過自己身高的 6 倍等。以這樣看來，其實蜘蛛的能力簡直遠遠勝過人類。

雖然目前的科技還沒辦法透過人體改造或是吃下超級藥物，讓我們具有蜘蛛人的超級力量和敏銳反應，但是其他種超能力：手腳可以吸附牆壁上以及射出超黏性蜘蛛絲，都已經有不少科學家投入研究，並且開發出許多相關的仿生科技。

這次我們要效仿彼得的天才腦袋，收集生活中的材料，實際製作「蜘蛛絲發射器」。雖然這個發射器沒辦法讓你在都市大樓之間擺盪自如，不過射出的瞬間，還是有一種「我好像變成了蜘蛛人」的中二、爽快感！

運用科技的力量把有如繩索般的「蜘蛛絲」發射出去，最接近的概念就是「拋繩槍」。拋繩槍可以將繩索拋向我們無法光靠手丟到的超遠彼岸，連結分離的兩地，方便貨物搬運，所以拋繩槍在航海、軍事、救難等方面都是很重要的裝備。

## 拋繩槍的基本構造

## 拋繩槍的動力來源

### 火藥式

利用火藥燃燒作為動力來源，使用上具有危險，目前不太常用。

### 空壓式

利用高壓氣瓶所噴出的高壓空氣當作動力，兼具安全與方便性。

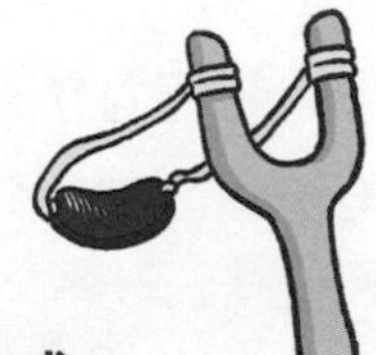

### 彈力式

類似彈弓用彈性繩來發射彈頭，構造最簡單。

# 科技藍圖

這次我們要使用安全又簡單的「彈力」，當作這次蜘蛛絲發射器的動力來源。只要一根小彈簧、磁鐵、棉線和紙板，再搭配上你那聰明絕頂的腦袋，一定可以完成任務的。

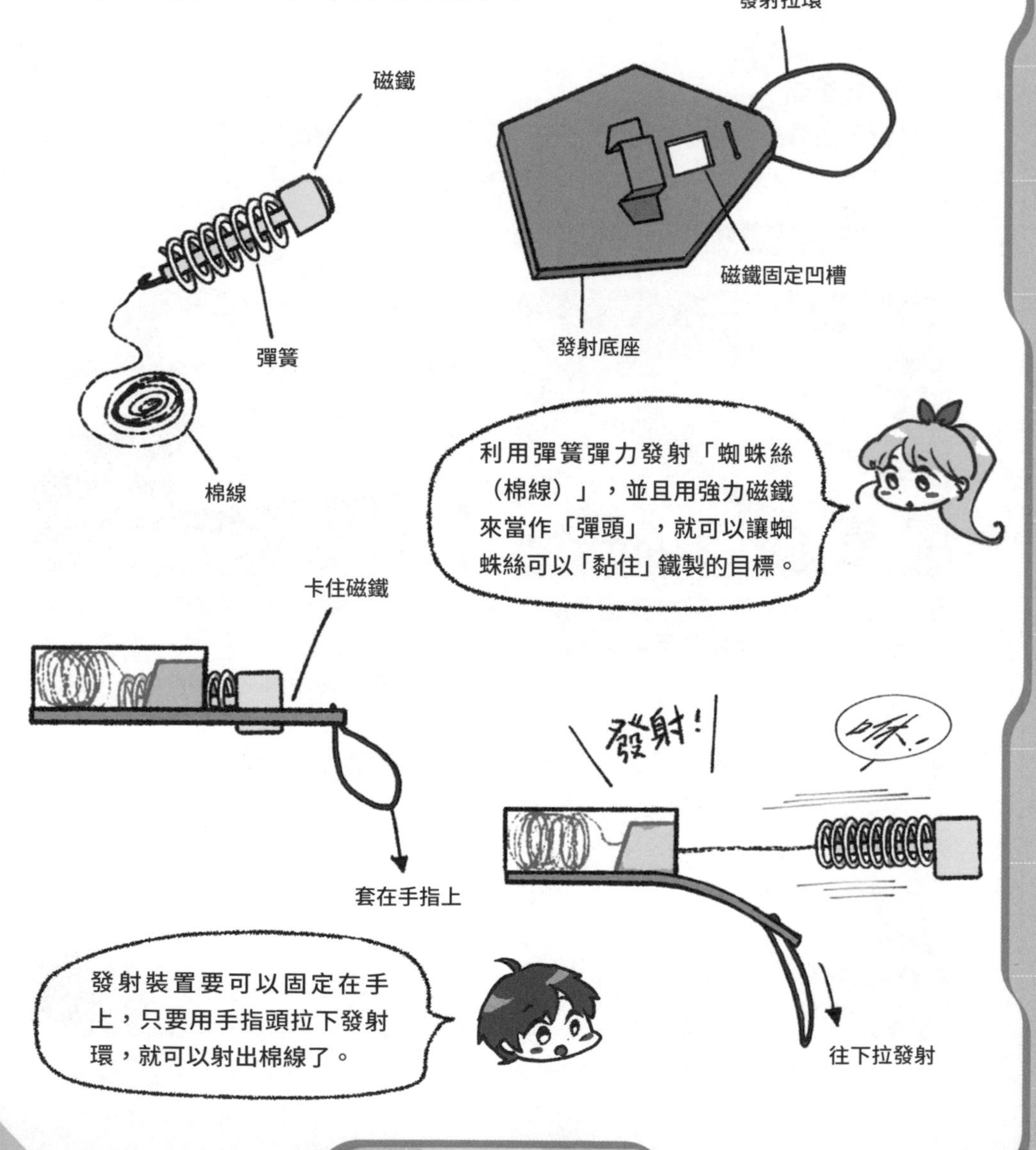

## 實驗兵工廠

### 材料與工具

- ☐ A4 厚紙板 1 片
- ☐ 壓按式原子筆 1 支（內含彈簧）
- ☐ 縫衣線 1 捲
- ☐ 塑膠棉花棒 1 根
- ☐ 迴紋針 1 個
- ☐ 圓形強力磁鐵（直徑 6 毫米、厚度 2 毫米）3 個
- ☐ 魔鬼氈束線帶 1 條
- ☐ 蜘蛛絲發射器紙模
- ☐ 切割墊、美工刀、剪刀、直尺、釘書機、大頭針、尖嘴鉗、雙面膠帶、膠帶、液狀瞬間接著劑、文書夾 2 個

### 實驗步驟：製作蜘蛛絲發射器底座

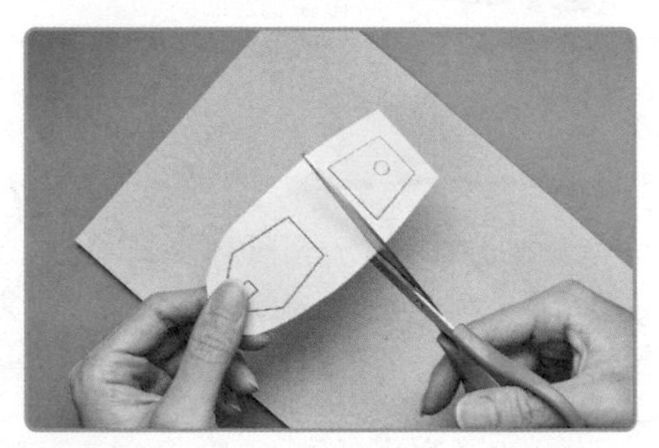

1 先將紙模上的所有零件預留多餘白邊後剪下來，零件 7 不用。

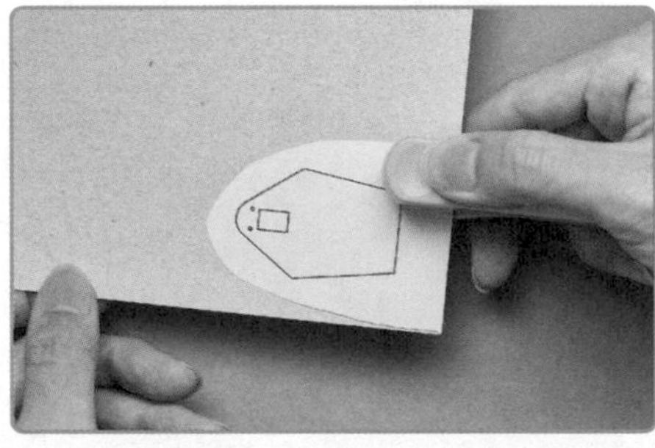

2 使用釘書機將所有零件釘在厚紙板上。

⚠注意：可以將紙模的編號寫在厚紙板方便對照。

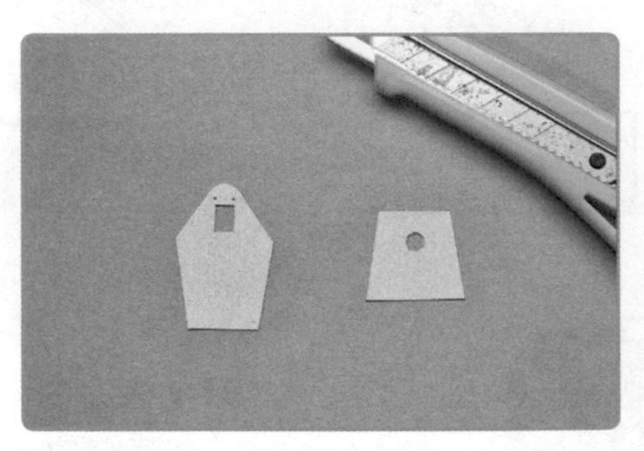

3 使用美工刀切割出零件 1、零件 2（實線是裁切線）。

4 使用大頭針戳穿零件 2 上的小圓。

5 將零件 1 與零件 2 的背面（灰色面），依照照片指示相疊，再用文書夾夾住。

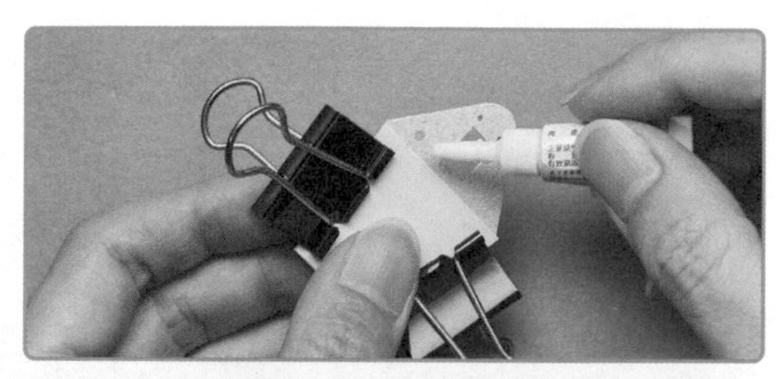

6 使用瞬間接著劑沿著兩片零件的交接處塗抹。塗完後請放置在通風處等待乾燥。

⚠注意：為預防黏到手，請手持文書夾。瞬間接著劑具有揮發性溶劑，請在通風處並戴上活性碳口罩操作。

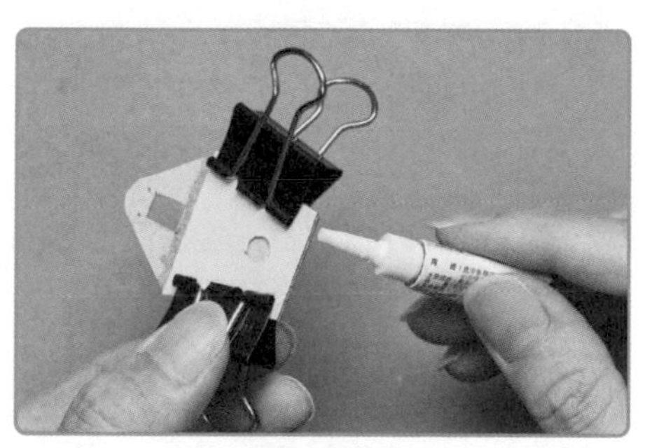

7 另一邊交接處也塗上瞬間接著劑。

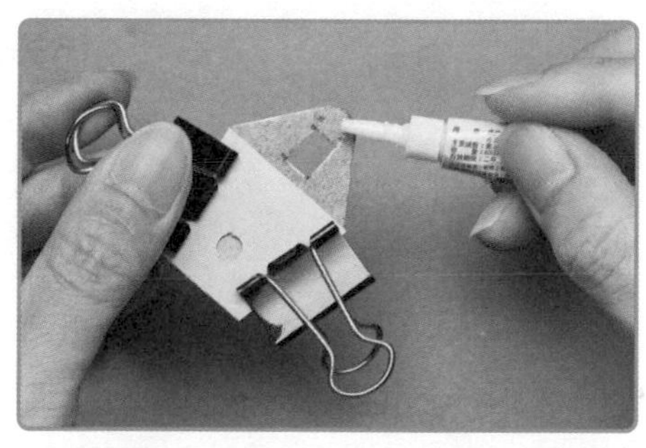

8 在零件 2 的灰色區域也塗滿瞬間接著劑。

9 在零件 1 圓洞內使用瞬間接著劑黏上一顆圓形強力磁鐵。

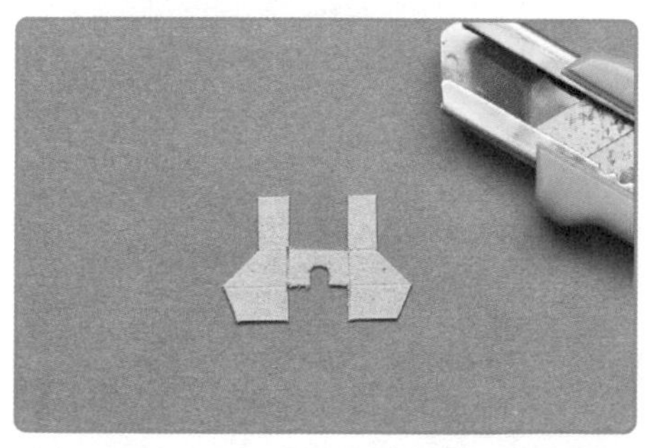

10 在零件 3 上使用美工刀背沿著虛線刻出摺痕。再沿著實線裁切出零件 3。

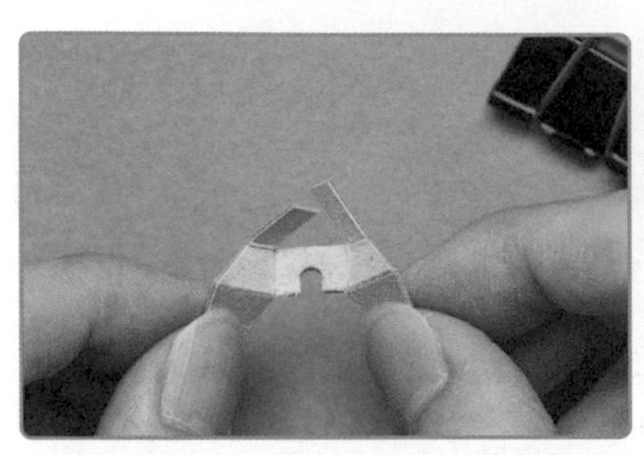

⑪ 依照摺痕，將零件 3 摺成照片中的形狀。將上緣紙條重疊並用文書夾固定。

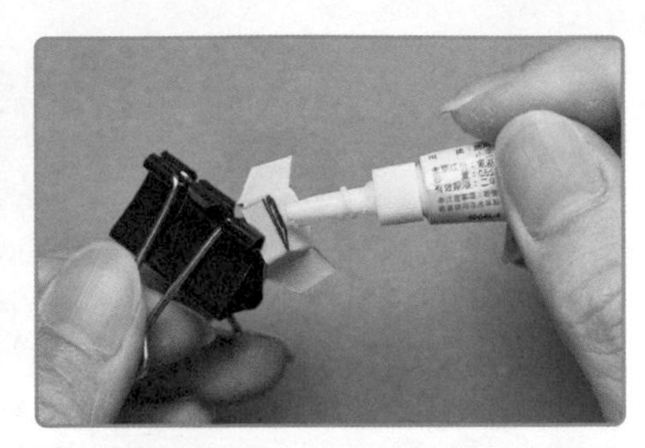

⑫ 使用瞬間接著劑黏接上緣紙條重疊的部分。

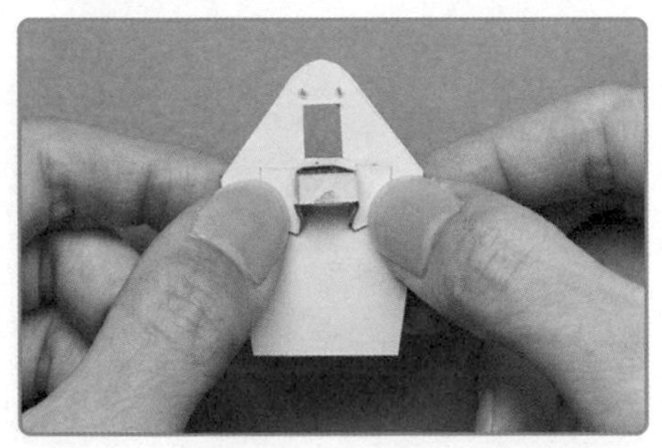

⑬ 使用瞬間接著劑將零件 3 黏在零件 2 上沒有磁鐵的一面。零件 3 的黏貼位置對齊長方形孔洞。

⑭ 類似步驟 6 的方法，裁切零件 4 並且沿摺痕往內摺成一個盒子。

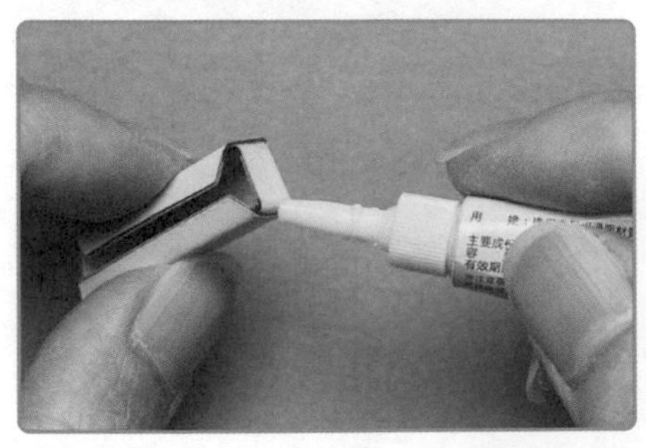

⑮ 用接著劑固定零件 4 的黏接邊，完成一個盒子。

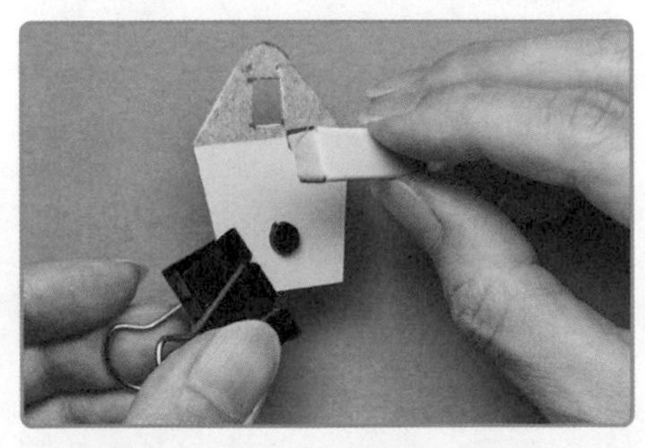

⑯ 將零件 4 黏到先前做好的零件 1 有磁鐵的那面。

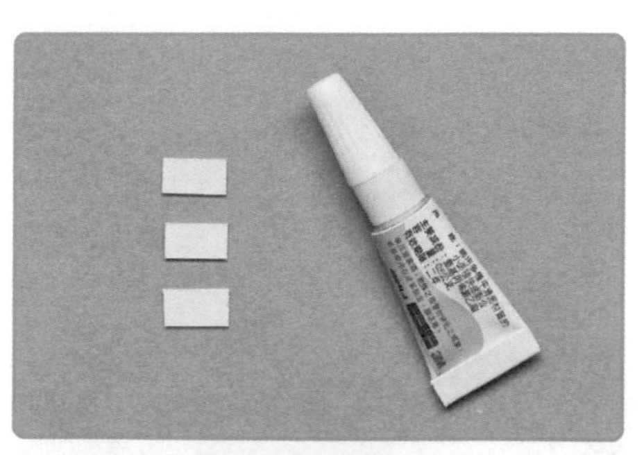

17 零件 5 是三個長方形小紙片，裁切下來後使用黏著劑堆疊在一起。

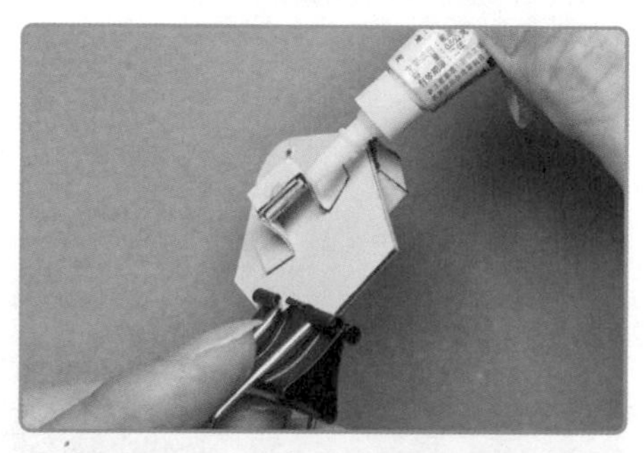

18 將步驟 17 的紙片黏接在零件 3 的內側，箭頭指示的位置。

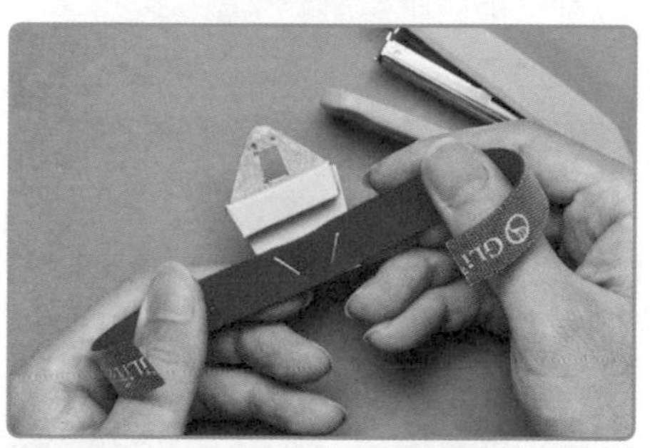

19 將魔鬼氈束線帶用釘書機固定在零件 1 上黏有磁鐵的那一面。

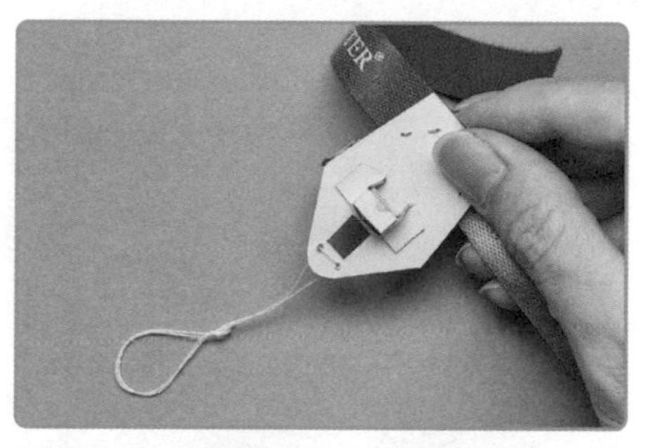

20 剪取一段縫衣線，穿過零件 2 上的兩個孔洞並打結形成一個拉環。

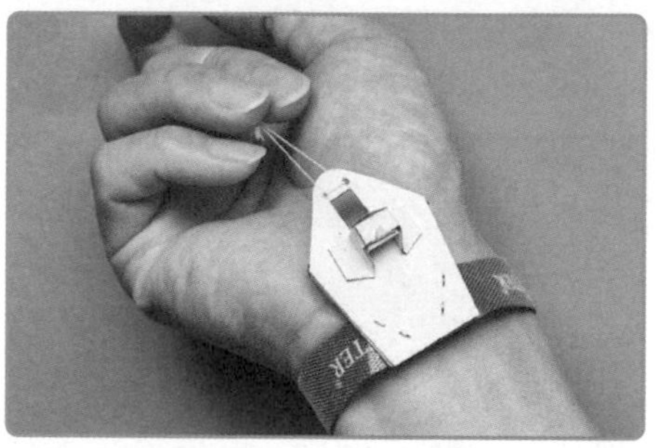

21 將魔鬼氈綁在自己的手腕上，用中指鉤住拉環往下試拉，看看是否可以彎曲零件 2 的前端。如果不行，再調整縫衣線長度。

## 實驗步驟：製作蜘蛛絲彈頭

1 將零件 7 背面黏上雙面膠帶。

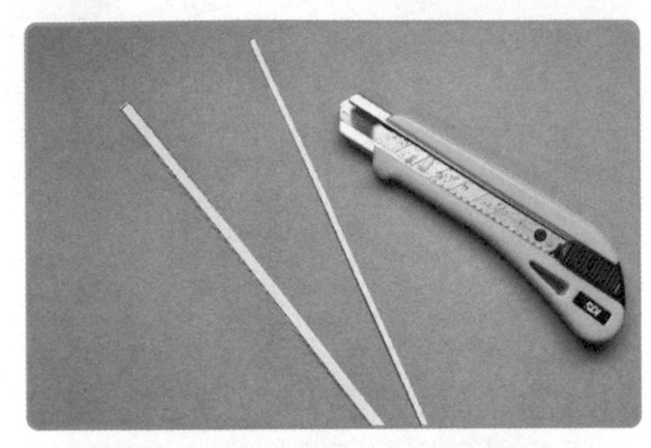

2 用直尺沿著零件 7 上的黑色實線，裁切成兩張長紙條，兩條寬度不一樣。

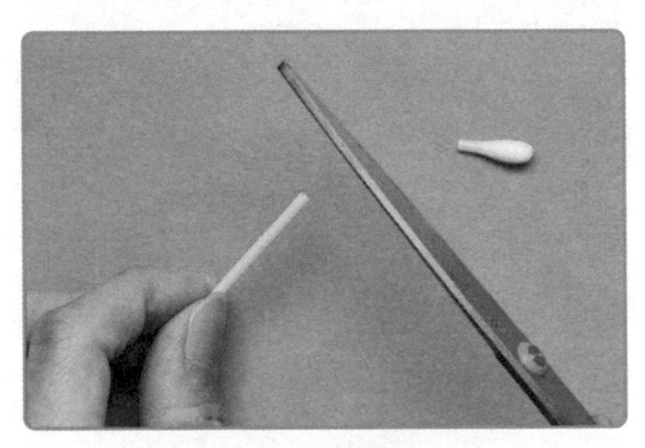

3 剪去棉花棒的白色棉頭。

⚠注意：請使用塑膠柄的棉花棒，中間才有空心。紙軸棉花棒不適用本實驗。

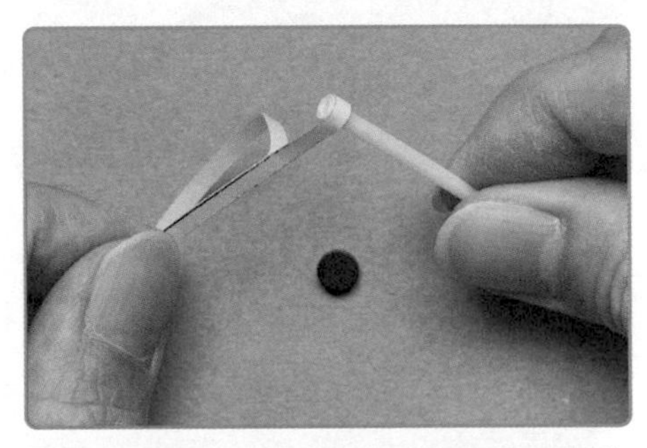

4 將步驟 2 的較窄紙條撕開雙面膠背膠後，沿著棉花棒軸心纏繞，直到直徑和強力磁鐵直徑相同。

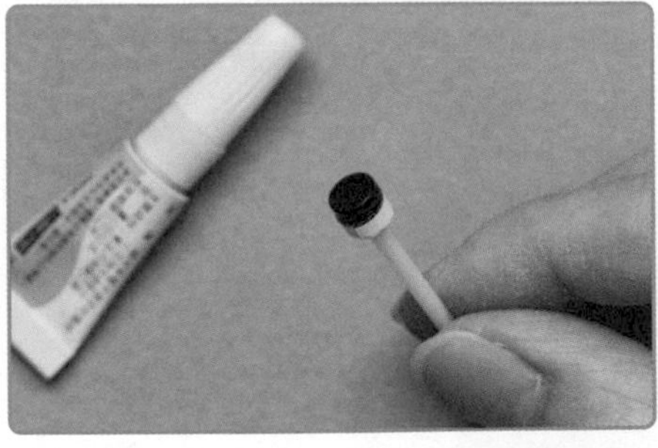

5 使用接著劑將一顆強力磁鐵黏上步驟 4 的底座。

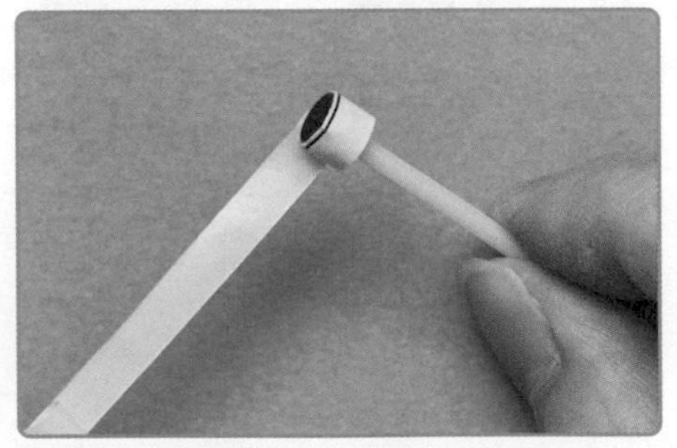

6 使用步驟 2 較寬的紙條沿著步驟 5 的底座繞一圈。

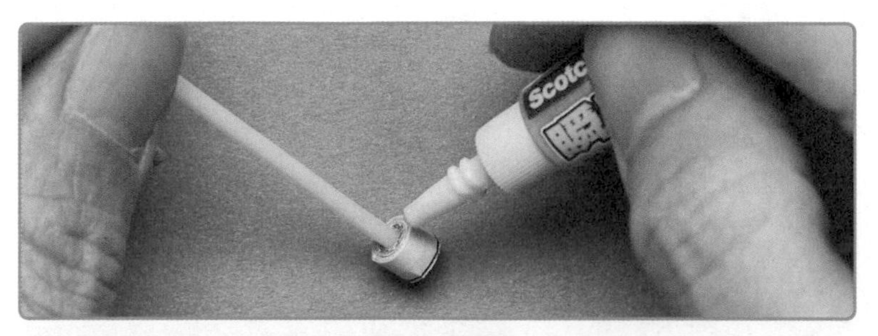


7 從另外一端，把瞬間接著劑沿著軸心滴入讓紙捲吸滿接著劑。

⚠注意：這個步驟是透過接著劑讓紙捲硬化，請小心操作。

8 等到瞬間接著劑完全乾燥後，將棉花棒軸心裁剪成整體長度為 2 公分。

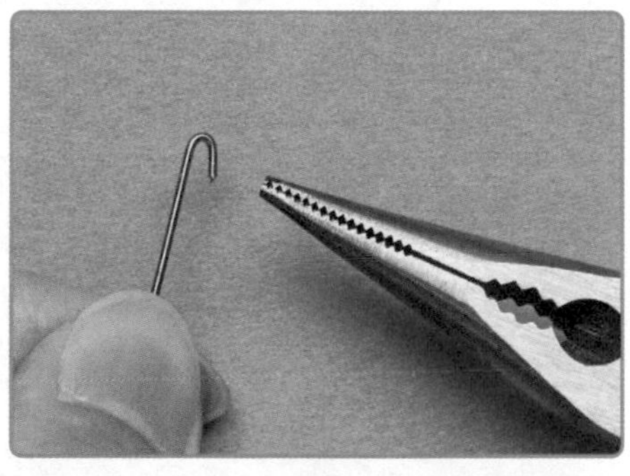

9 將迴紋針一端用尖嘴鉗摺彎成一個小鉤，再截斷成一個總長 2.2 公分的鉤子。

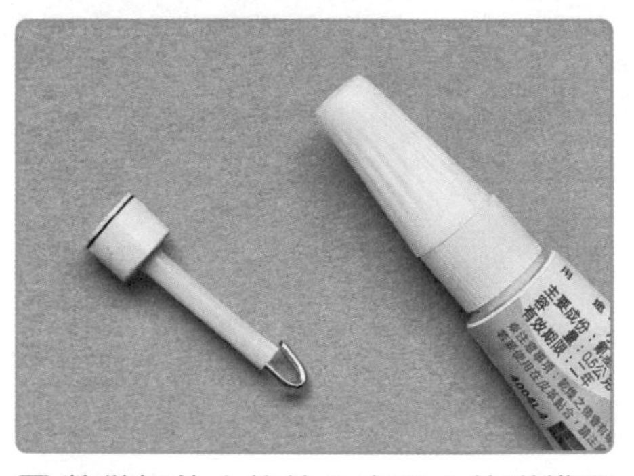

10 將做好的小鉤放入步驟 8 的磁鐵頭軸心管內，並在管內滴入瞬間接著劑固定鉤子。

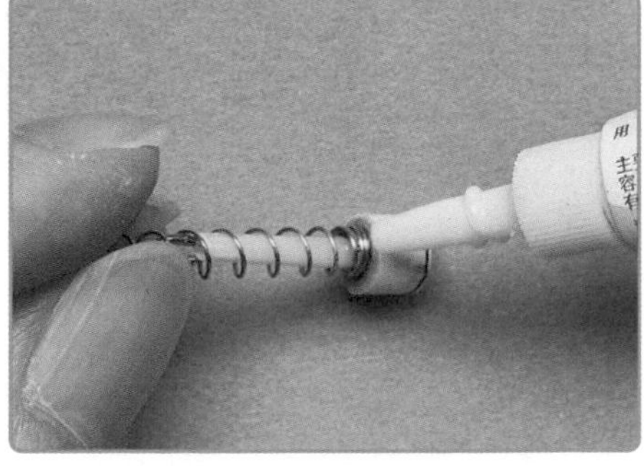

11 取出按壓原子筆的彈簧，套入剛才做好的軸心，用瞬間接著劑固定。完成蜘蛛絲彈頭。

## 實驗步驟：製作蜘蛛絲彈夾

1 用針戳穿零件 6 上的小圓點，並沿著虛線用美工刀刀背刻出摺痕，最後沿實線切下。

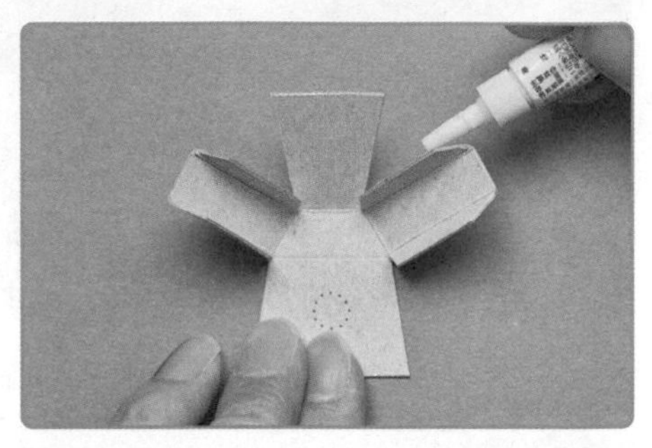

2 沿著摺痕內摺，再用瞬間接著劑黏貼沒有針孔的一面。

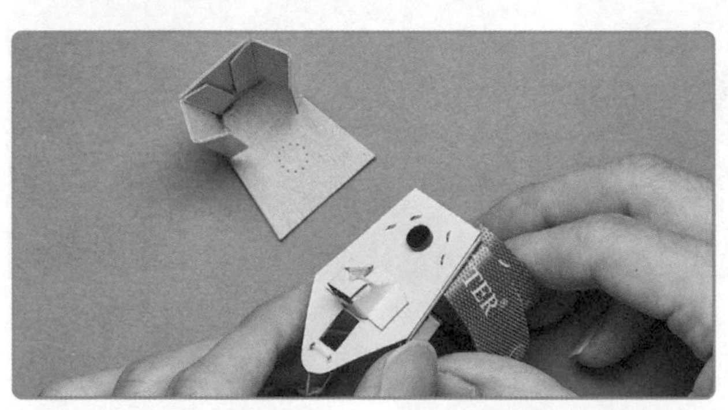

3 拿一個強力磁鐵確認哪一面可以吸附在蛛絲發射器上的磁鐵。

⚠注意：零件 6 是透過磁鐵相吸，固定在發射器上，所以要注意零件 6 和發射器的兩個磁鐵需要可以互相吸引。

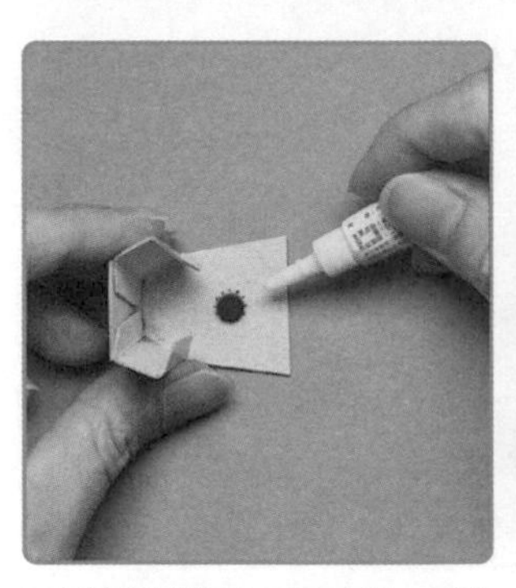

4 將磁鐵移至零件 6 的針孔圓形上，並用瞬間接著劑固定。

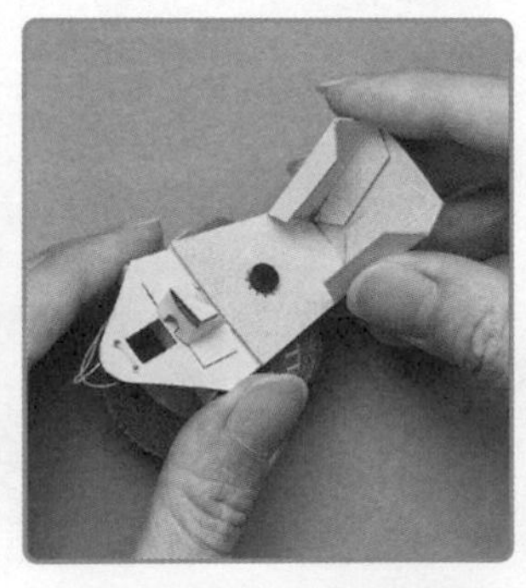

5 確認零件 6 的磁鐵可以和發射器上的磁鐵相吸。

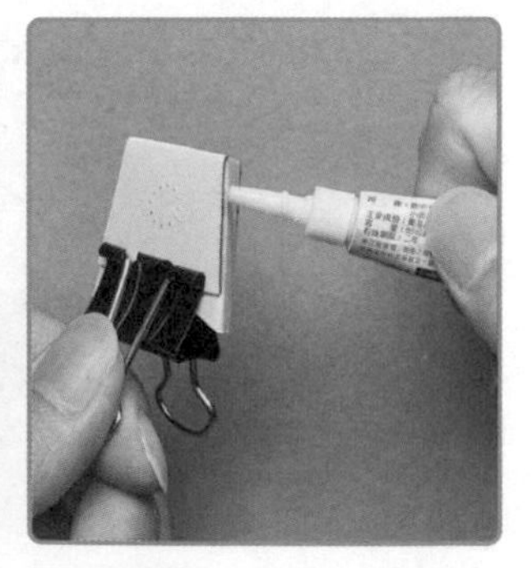

6 將零件 6 黏有磁鐵的一面合上，並黏接成一個盒子。

## 實驗步驟：組裝蜘蛛絲發射器

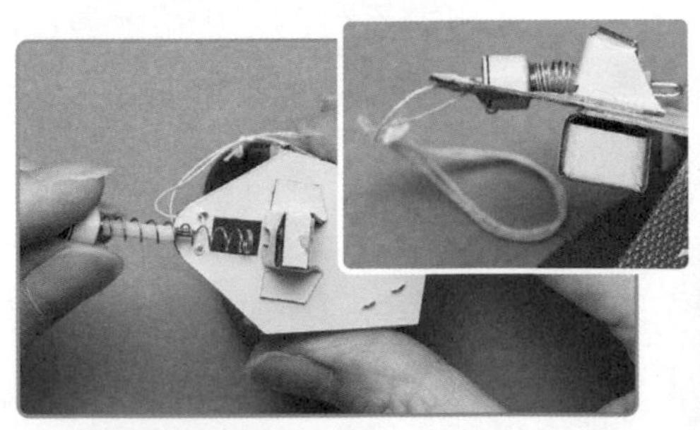

1 將蛛絲彈頭安裝到蛛絲發射器。彈頭部分剛好可以卡入發射器上的方形缺口。

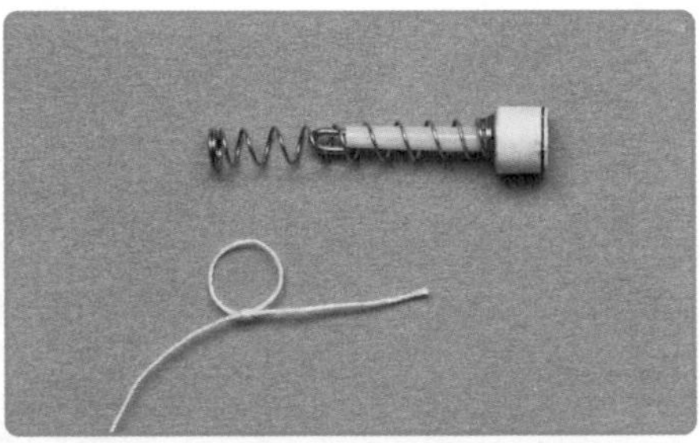

2 取用 2 公尺長的縫衣線，其中一端先綁成一個小圓圈。這個小圓圈到時會圈在彈頭的金屬勾上。

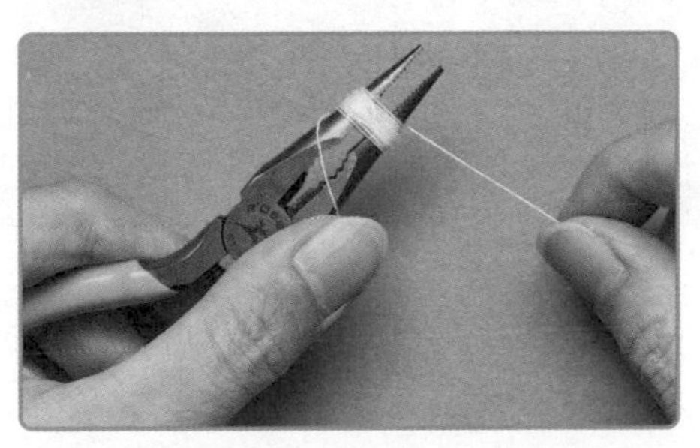

3 用一隻手壓住縫衣線小圈，另一支手將剩餘的縫衣線纏繞在尖嘴鉗上。可以讓尖嘴鉗的嘴微開，到時候只要闔起就可以取下縫衣線圈。

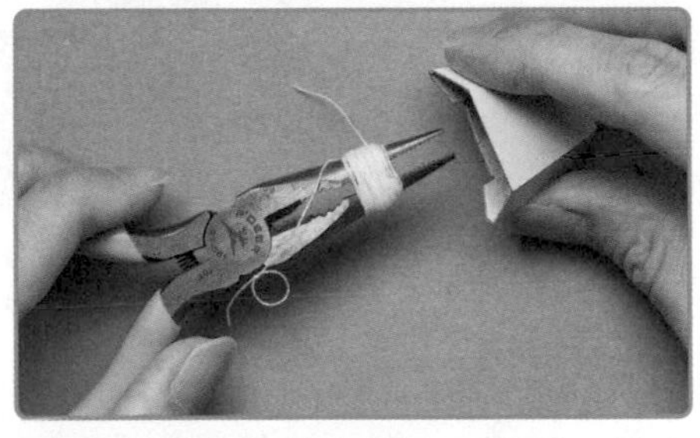

4 將卷好線的尖嘴鉗插入零件 6 的盒內，把線推入抽掉尖嘴鉗並露出小圓圈線頭。

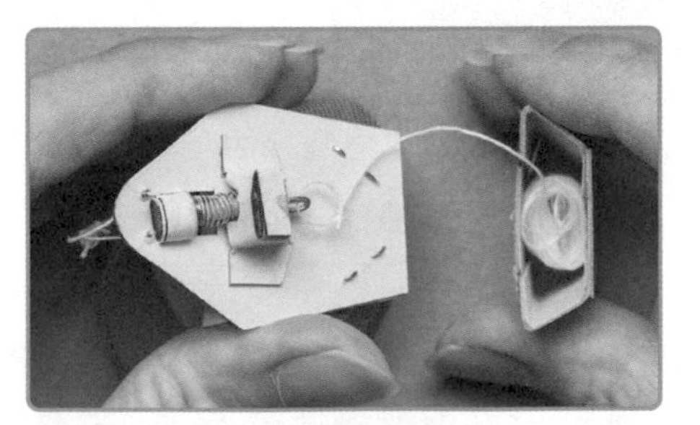

5 將縫衣線小圓圈掛在磁鐵頭的金屬勾上，線盒吸附在發射器上。

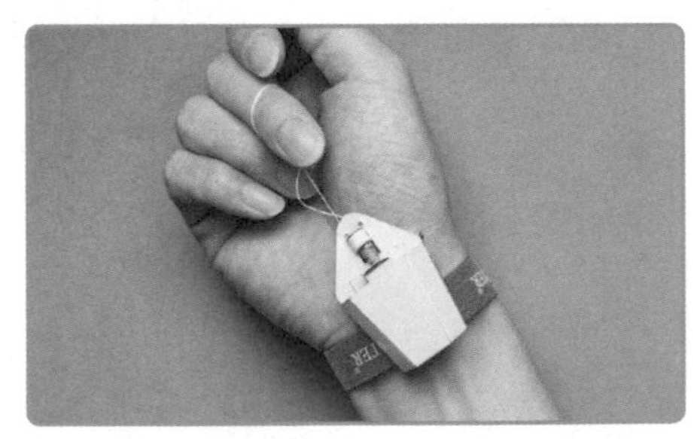

6 最後將組裝完成的蜘蛛絲發射器綁在手腕上就完成。

# CHALLENGE++

你的蜘蛛絲發射器是否可以百發百中呢？如果還不行的話，可要多加練習，畢竟學會善用高科技設備，也是成為超級英雄的關鍵。不僅如此，蜘蛛人為了對應不同威脅，其實改造出許多種蜘蛛絲發射器，讓蛛絲具有防火、防酸、電擊等功能。

在改造之前先把蛛絲發射器好好塗裝一番，不但可以讓裝備變得更酷、不同的圖案也可以標示出各種特殊功能。

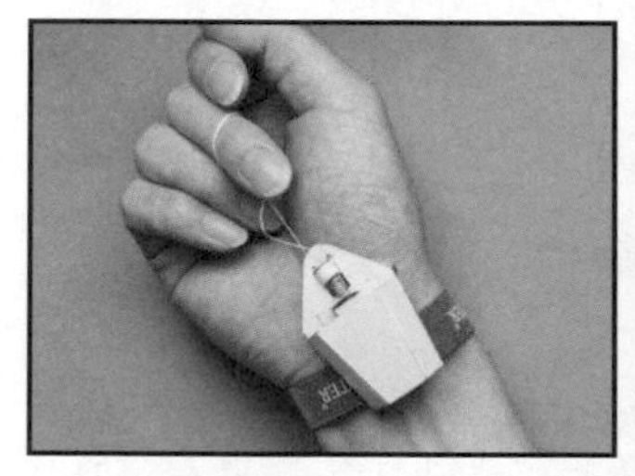
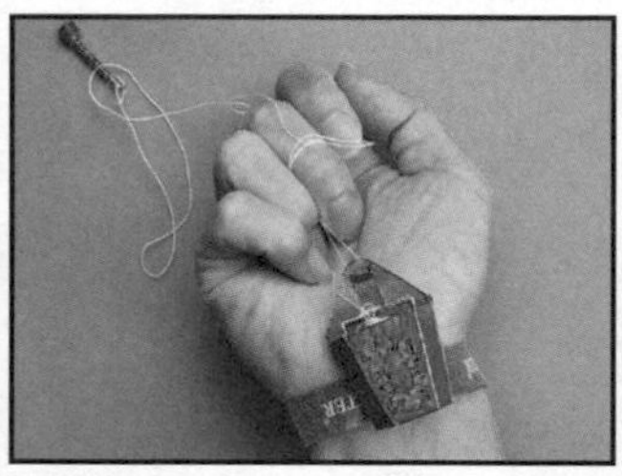

目前蜘蛛絲發射器只能吸附鐵製表面，如果需要抓住壞人，或許可以改造成魔鬼氈彈頭，直接黏著衣服表面。

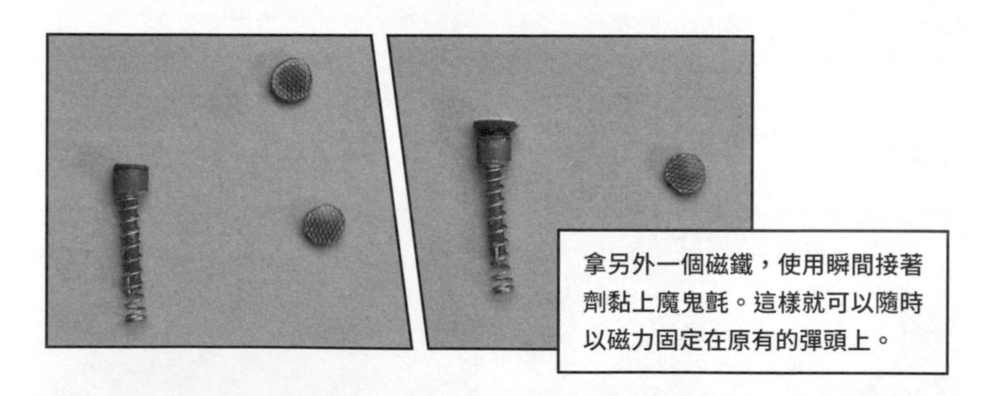


你還有想到其他改造點子嗎？像是可以把彈頭改成印章，用來標記敵人，或是製作一條彈夾收納腰帶，讓你的蜘蛛絲發射器變得更強大。不過要牢牢記住「能力越大，責任越大」，就像是電影《蛛蛛人：離家日》中，彼得成功擺脫自己的心魔，蛻變成為獨當一面的超級英雄。

# 蜘蛛絲發射器紙模

請掃描 QRcode，下載紙模檔案。

列印時請選擇 A4 紙，原始尺寸。

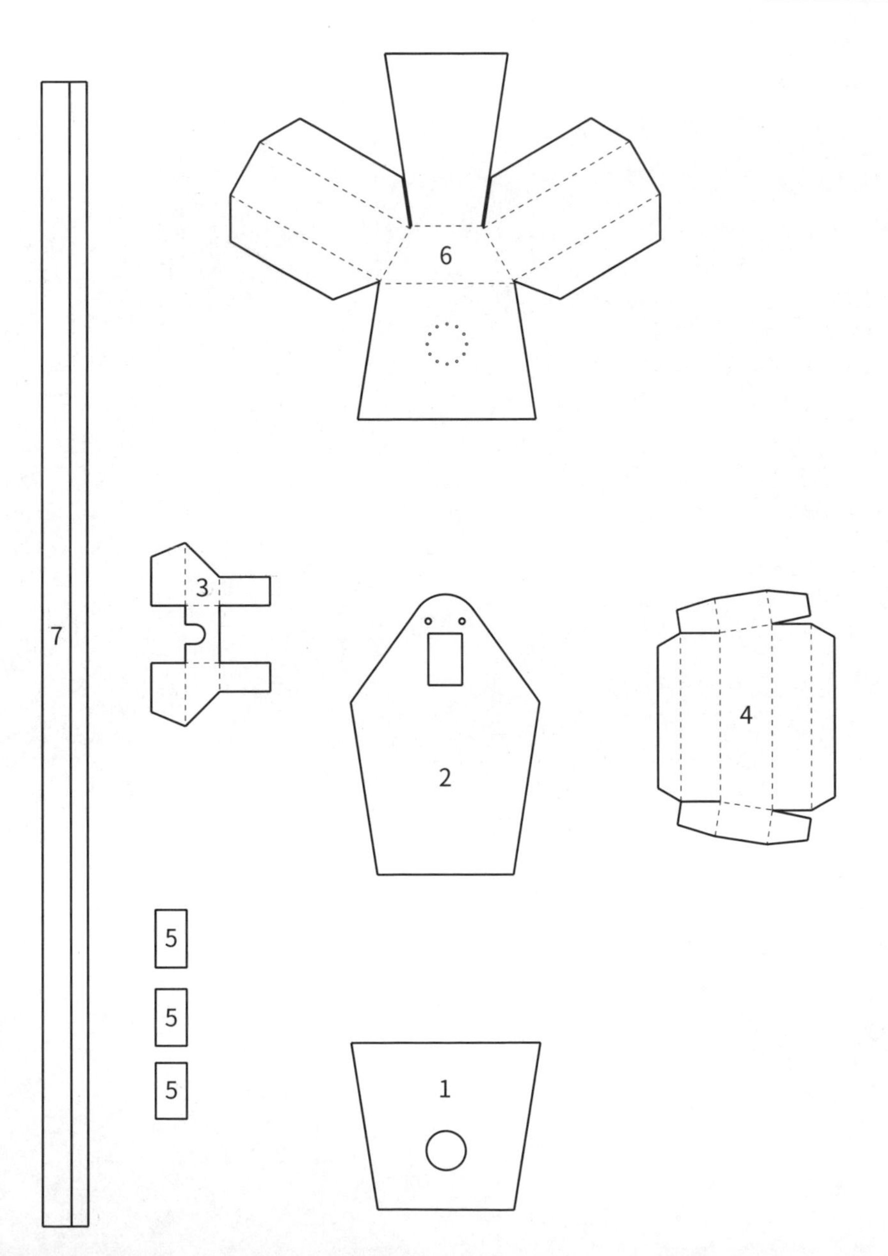

# 超展開實驗第三章

## 瘋狂難度

最後一關的科學原理和實驗道具，真的可以用瘋狂來形容，不但研究和操作難度增加，還要使用銲接等進階工具，準備好最終挑戰了嗎？

# 名偵探柯南 竊聽器

## 真相只有一個

日本的動漫畫總是有好多「不會長大又厲害的小學生」主角，不是駕駛機器人對抗外星人，就是發揮超能力拯救世界。讓大人直呼自己小學只是個煩惱寫功課或是跟媽媽討零用錢的小屁孩。

當中超厲害小學生代表就一定要提到《名偵探柯南》中的主角江戶川柯南，從 1994 年漫畫開始連載以來，直到現在依然以小學一年級生的身分，帶給同時代的小學生解謎推理的樂趣。

小學生柯南的真實身分是著名的高中生偵探工藤新一，在遊樂園時意外捲入犯罪事件，被謎樣的黑暗組織強灌藥物後，身體外貌縮小變成小學生，好在心智狀態並沒有影響，內在依然是推理能力一流的工藤新一。

不過一個小學生要向在場的警察推理真相，恐怕一開口就被趕走。好在每當案件發生時，柯南就透過「手錶型麻醉槍」與「領結變聲器」，麻昏職業偵探的毛利小五郎──女朋友的爸爸，再假藉毛利小五郎的身分與聲音解開真相。

領結變聲器與手錶型麻醉槍，這兩個神器來自於天才科學家阿笠博士之手。他從一開始就知道柯南的真實身分，並且用他發明的許多道具，像是噴射滑板、增強踢力球鞋，幫助柯南能以小學生的身體來解決犯罪事件。不過這回要嘗試製作的道具，不是這些具有危險性，或是需要複雜電路的東西，而是推理作品的常客——竊聽器。

領結變聲器

手錶型麻醉槍

雖然偵探要靠偷聽、不靠推理來挖掘真相，確實很尷尬！不過電影《水平線上的陰謀》中，竊聽器卻發揮意外功能讓蹩腳的毛利小五郎終於能夠揚眉吐氣！

電影描述 15 年前的一場船難其實是船公司與副船長策劃的謀殺案；15 年後，罹難者子女為了復仇而參加船公司新豪華郵輪的處女航。從來不在案件缺席的柯南也是受邀貴賓，原本阿笠博士要偷偷給柯南一個袖扣型竊聽器，卻被不知情的小五郎拿去別在袖口。故事末小五郎竟然比柯南早一步解開真相，讓真兇認罪。精采推理意外透過袖扣竊聽器收音，讓柯南以及我們刮目相看。

接著就來製作一個讓名偵探不屑又尷尬的竊聽器。不過我們目的是探索科學原理以及享受動手做的樂趣。拿來偷聽隱私可是不專業喔！

柯南的噴射滑板可是追捕犯人的絕佳道具。

## 科學戰略室

窩聽器的目的就是放大微弱的聲音，所以在設計上主要可分成三部分：麥克風、放大電路、耳機（或揚聲器）。

### 麥克風

負責將聲音轉換成電子訊號。聲音其實就是空氣的波動，傳到麥克風的振膜上會造成振動，進一步讓與振膜連接的線圈跟著震動。線圈中間裝著固定不動的永久磁鐵，造成線圈在磁場中來回振動，因電磁感應而產生電流，將聲音變成電子訊號。

### 放大電路

由於麥克風轉換而來的電子訊號相當微弱，要用放大電路放大。放大電路的工作原理可以用水壩的水流控制來類比。因為我們只需要用很小的力量去改變水流的控制閥門，水壩所排放的水流就可以有很大的變化，而放大電路的輸入訊號所扮演的角色就像是在控制閥門，電路的輸出會隨著這個控制有很大的變化，整體的結果就像是電訊號被放大了。

### 耳機（或揚聲器）

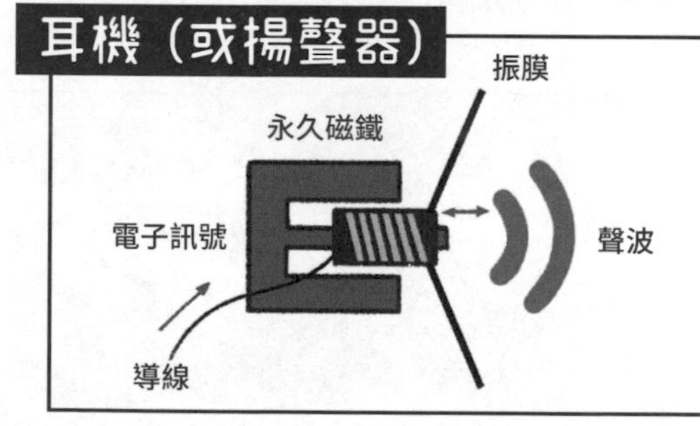


負責將被放大的電子訊號再轉換成聲音。工作原理很像反過來運作的麥克風，所以在構造上也很類似。電子訊號進入耳機內的線圈形成電流，在永久磁鐵的磁場下受到磁力，帶動線圈及振膜開始振動，也就推動空氣形成聲音。

知道這些原理後，只要像這樣組合起來，我們就可以完成一組竊聽器：聲音→麥克風→電子訊號→放大電路→被放大的電子訊號→耳機或揚聲器→被放大的聲音。

看起來酷炫又神祕的竊聽器，沒想到原理這麼簡單——放大聲音，而且主要組成只要三個物件：麥克風、耳機、放大器。

# 實驗兵工廠

## 材料與工具

**A**

- □ 麥克風 3.5mm 插頭 1 個
- □ 耳機 3.5mm 插頭 1 個
- □ 9V 電池 1 個
- □ 9V 電池盒（可改用電池扣）1 個
- □ 0.5mm 單芯線（綠色、藍色、棕色）各一條

⚠注意：單芯線顏色只要三種顏色不同即可。

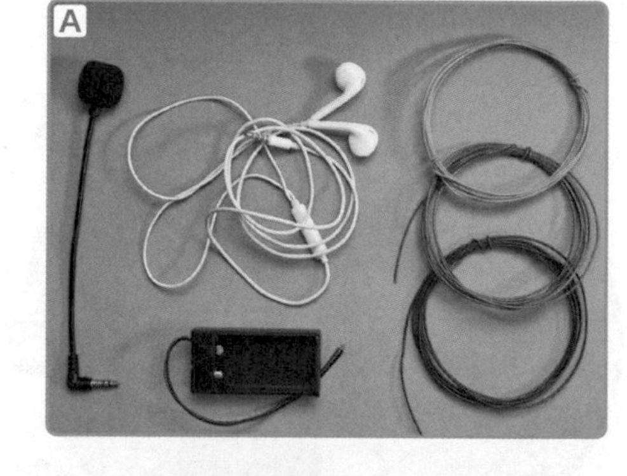

**B**

- □ 麵包板 1 片
- □ 1/4W 1k（或 1.5k）電阻 1 個
- □ 220u 16V 電解電容 1 個
- □ 10u 16V 電解電容 1 個
- □ IC LM386 晶片 1 個

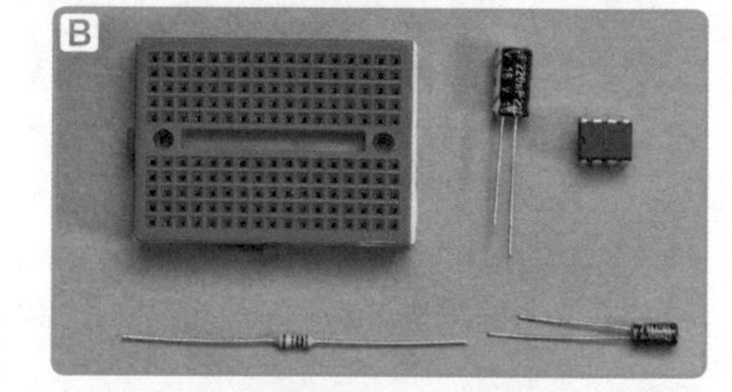

**C**

- □ 3.5mm 音源座 2 個

- □ 烙鐵 40W、烙鐵架（烙鐵海綿）、銲錫線、助銲劑、剝線鉗、反向夾或鑷子

## 實驗步驟

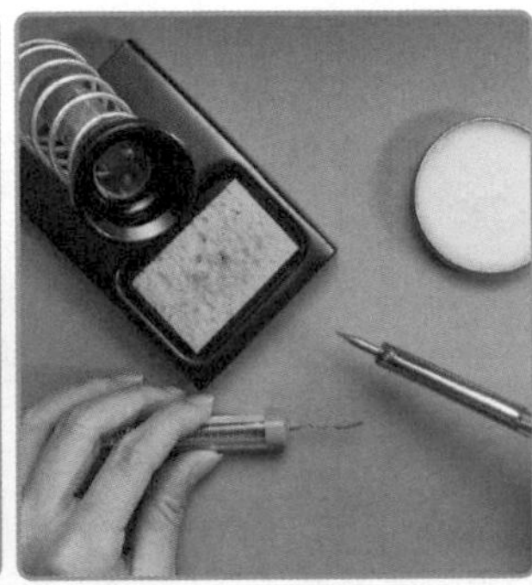

1 請先將烙鐵海綿泡水，以及烙鐵插電預熱。並且準備好銲錫線、助銲劑等工具。

⚠注意：如果沒有使用過烙鐵，請先詳讀第 6 頁的操作說明與練習。烙鐵使用時請務必避免被高溫燙傷，並且不要任意放在非耐熱或易燃物質上，以免發生火災。

2 取兩個 3.5mm 音源座，並且依照照片箭頭標示，用烙鐵把銲錫融化沾黏所標示的音源座接腳上。

⚠注意：如果不小心沾黏錯誤，可以使用吸錫槍清理。

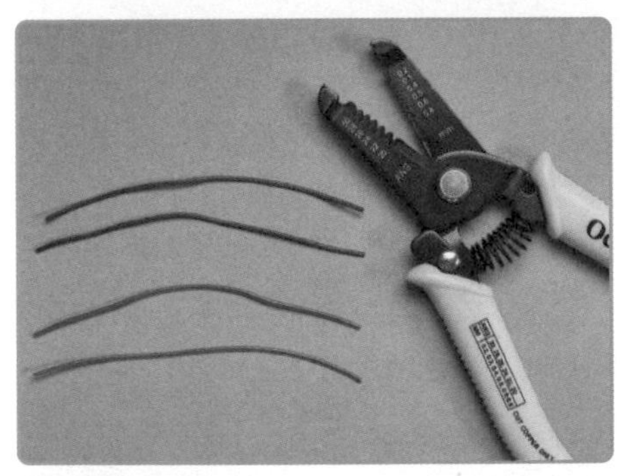

3 用剝線鉗剪取一段 5 公分長的單芯線，一共剪取棕色與藍色各兩條。

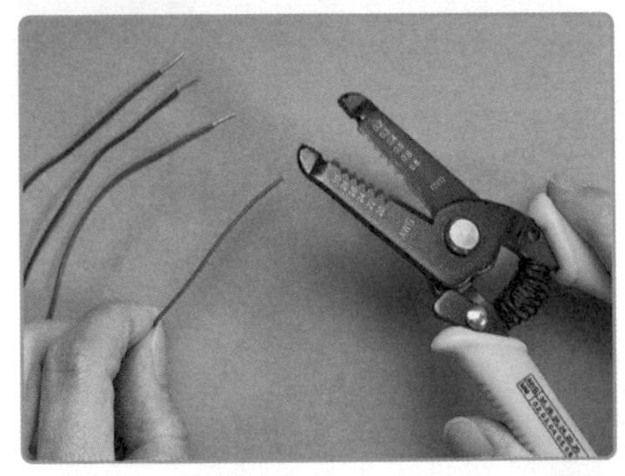

4 使用剝線鉗將單芯線其中一端剝除橡膠外皮約 0.5 公分。一共完成 4 條單芯線。

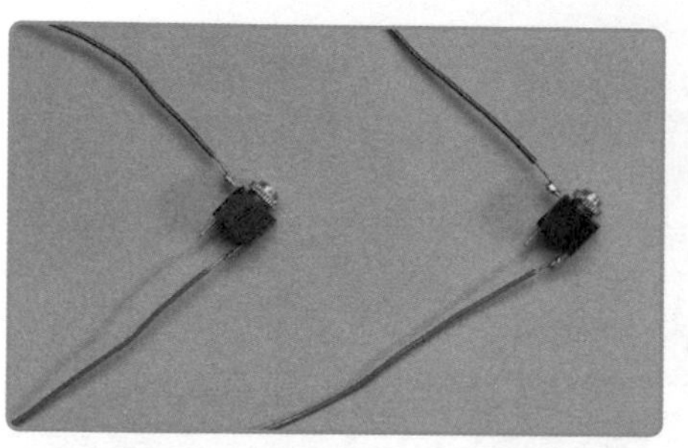

5 依照照片中電線顏色與接腳位置，使用烙鐵將棕色與藍色單芯線銲接到音源座的接腳上。一共完成兩組音源座。

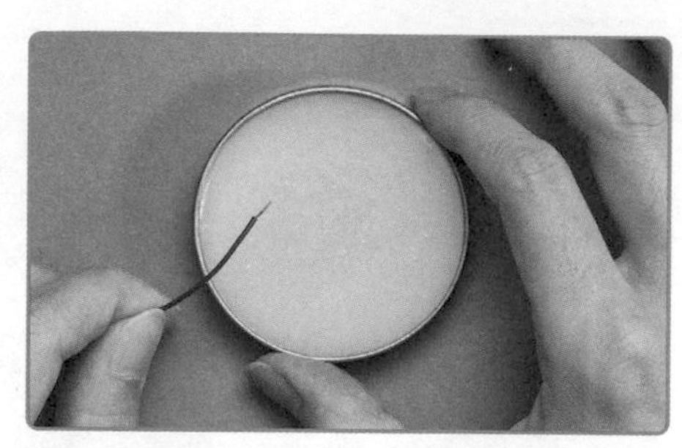

6 將步驟 4 剝除外皮的棕色單芯線頭沾取助銲劑。

7 用烙鐵熔化音源座接腳上的銲錫，並且把步驟 6 沾好助銲劑的電線頭放進被熔化的銲錫裡，最後移開烙鐵，將電線銲接在接腳上。

8 其餘 3 條單芯線，一樣按照步驟 6～7，使用烙鐵將電線銲接在接腳上。

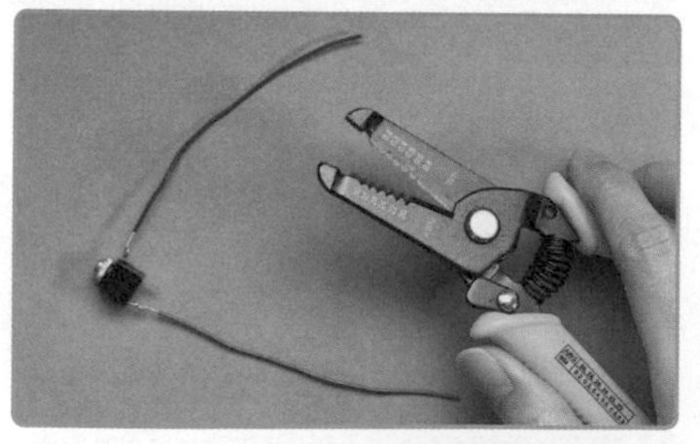

9 使用剝線鉗剝除已銲接在音源座接腳的單芯線外皮，讓線芯裸露大約 1 公分長。

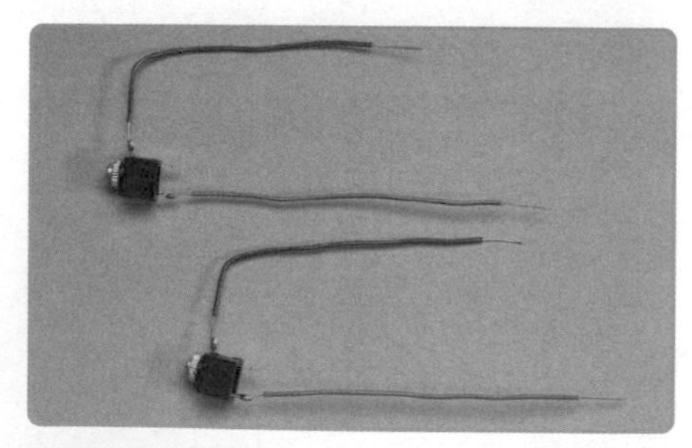

10 其餘 3 條單芯線也依照步驟 9 處理完成。

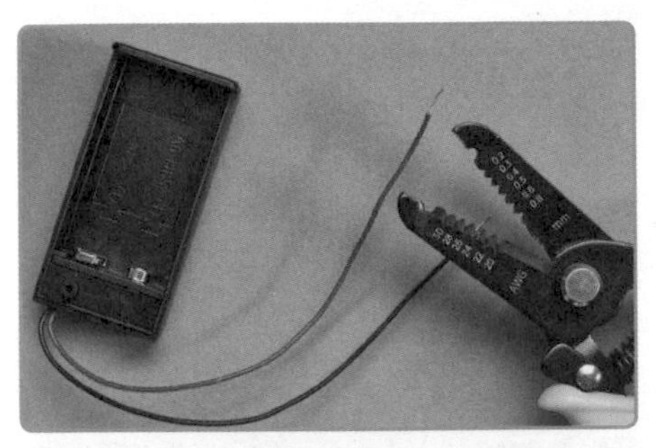

11 剝除 9V 電池盒的紅色和黑色電線外皮，讓線芯裸露約 0.5 公分長。

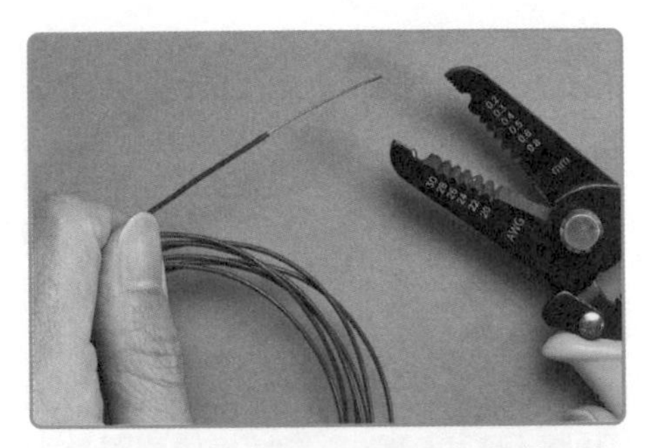

12 取一段 2 公分長的棕色單芯線，並且剝除外皮。一共製作 2 條銅線。

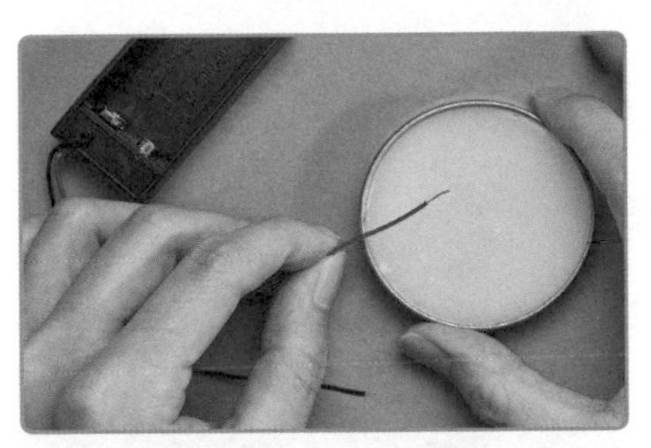

13 把 9V 電池盒的紅色電線頭沾一下助銲劑。

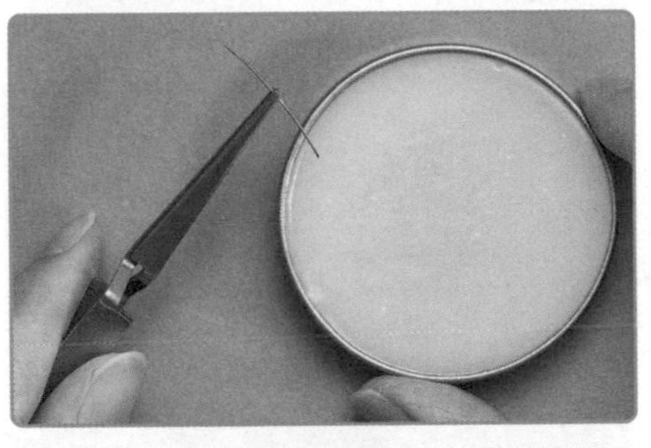

14 用反向夾夾取一條步驟 12 的 2 公分銅線，並且沾助銲劑。

15 在烙鐵頭上放上銲錫線，讓銲錫線在烙鐵頭上形成一球融化狀態的錫球。

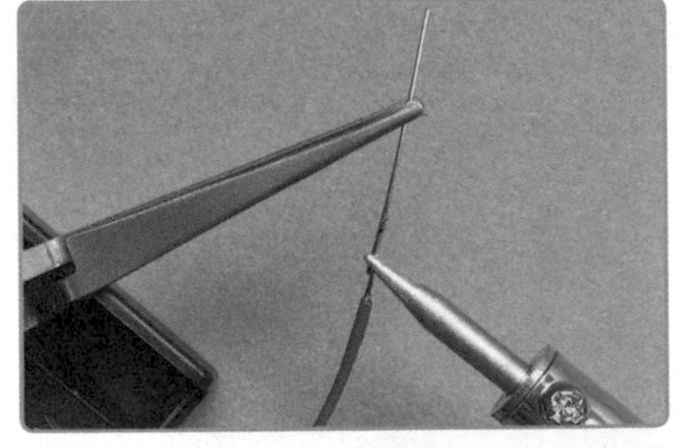

16 將 2 公分銅線碰觸電池盒紅色電線，再用烙鐵上的錫球去碰觸銅線和電線頭的連接處，銲接銅線與電線。再用同樣步驟完成電池盒的黑色電線。

⑰ 將 LM386 的 IC 晶片，依照照片指示插在麵包板中間，留意晶片上的半圓形缺口朝左。

⚠注意：以下步驟都需要按照照片指示，根據麵包板上孔洞的對應位置操作。

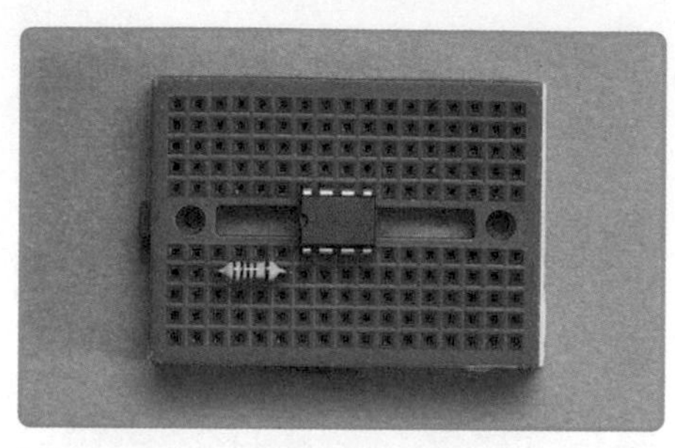

⑱ 把 1KΩ 的電阻針腳折成 90 度，並剪短僅留 1 公分長。接著依照照片指示的位置插入麵包板。

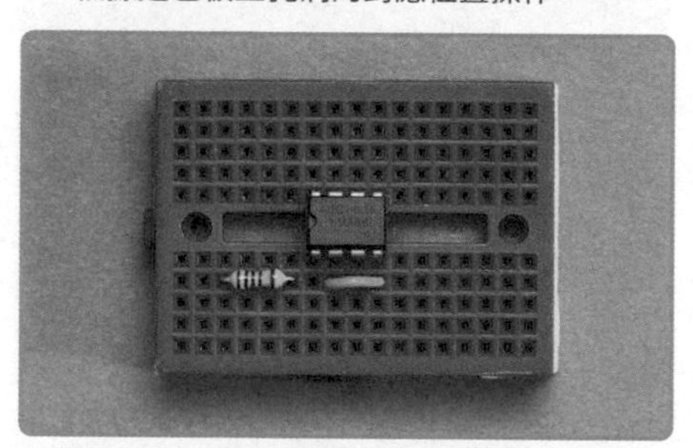

⑲ 使用綠色單芯線製作出ㄇ形，並依照照片指示位置插入麵包板。

⑳ 使用藍色單芯線製作出ㄇ形，並依照照片指示位置插入麵包板。

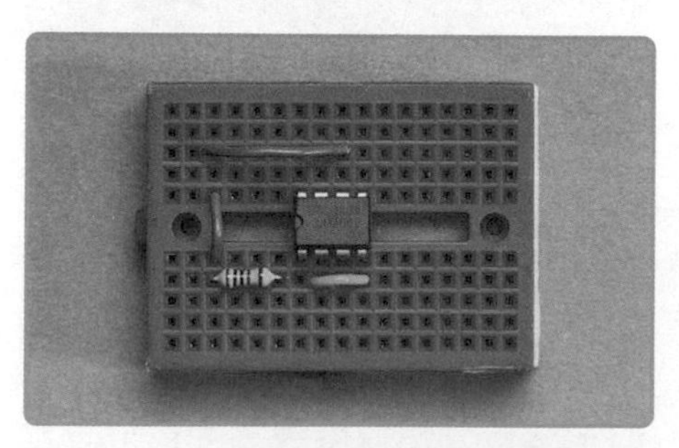

㉑ 使用藍色單芯線製作出如圖ㄇ形，並依照照片指示位置插入麵包板。

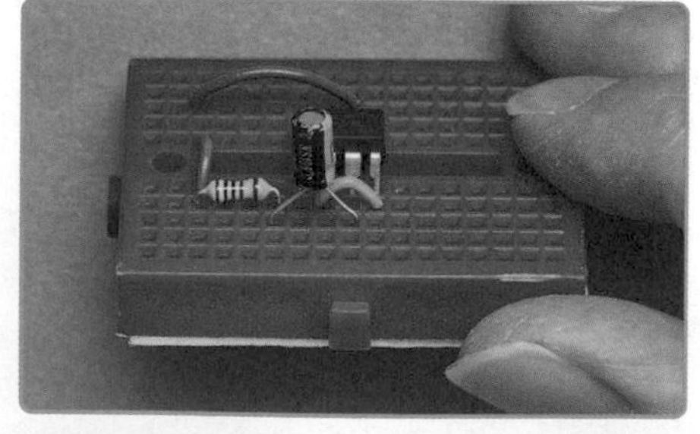

㉒ 把 1u 的電解電容接腳剪短剩下 2 公分，折成ㄇ型，再依照照片指示位置插入麵包板。電容側邊有白色標示色塊要向右邊。

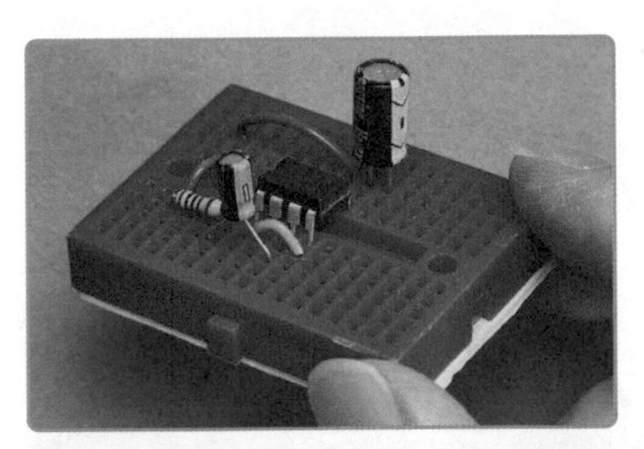

㉓ 將 220u 的電解電容接腳剪短剩下 1 公分，依照照片指示位置插入麵包板。

㉔ 把音源座組依照照片指示，將藍色與棕色單芯線各插入麵包板上的指示位置。

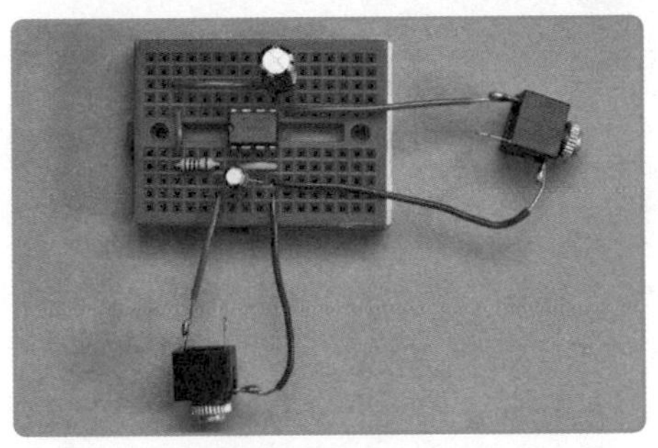

㉕ 把第二個音源座依照照片指示的位置插入麵包板。

㉖ 把 9V 電池盒的紅色電線與黑色電線依照照片指示的位置插入麵包板（箭頭指示）。

㉗ 完成所有步驟後，請先核對你的零件插入位置，是否和照片裡的零件位置一致。如果有錯誤，可以重新拔出再插入到正確的位置。

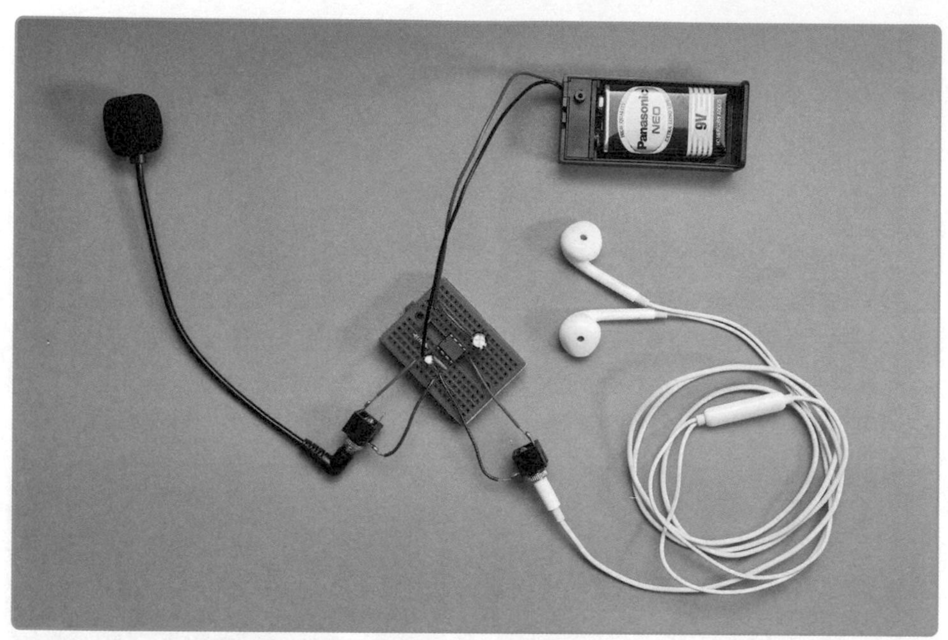


28 將麥克風插至左邊的音源座，右邊的音源座插入耳機，以及把 9V 電池裝入電池盒內。打開電池盒電源開關後，先等待 5 秒後再戴上耳機使用竊聽器。

⚠注意：為了防止耳朵受傷，請先打開電源等待 5 秒後再戴上耳機。若要聽取極微小的聲音請避免一切震動。

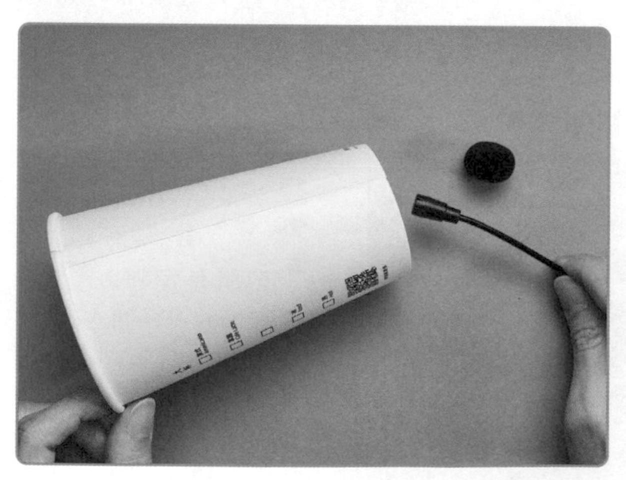

29 可以把麥克風的海綿頭拿掉並且罩上紙杯加強收音。如果時常聽見爆音，也可以將 1K 電阻更換成 1.5K 電阻。

## CHALLENGE++

完成後的竊聽器雖然可以正常工作，不過似乎離祕密、隱藏的「竊聽」還有一段距離，所以首先要想盡辦法偽裝這個裝置才行。如果以柯南小學生的身分，筆袋、飲料杯就是絕佳隱藏位置。

### 筆袋

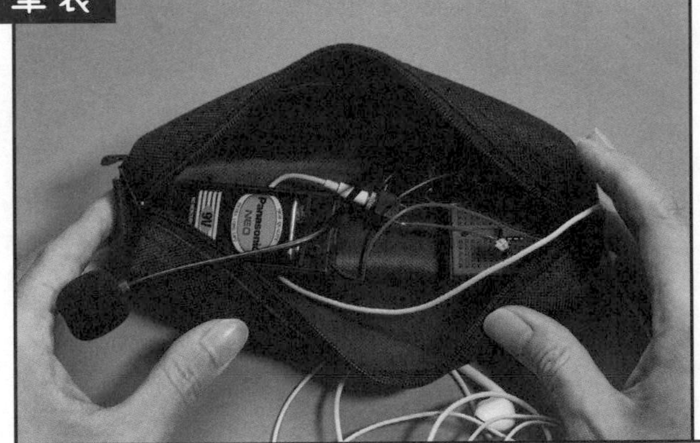

身為小學生，書包裡有個筆袋是再合理不過的事，注意挑選黑色筆袋，這樣才不會露出內容物。而且別人也會以為你在做功課，一點也不會懷疑你。

### 飲料杯

一邊假裝喝飲料，一邊在旁邊收集資訊。不過麥克風和耳機線可要藏好，像照片裡露出來，可是一點都不專業了。

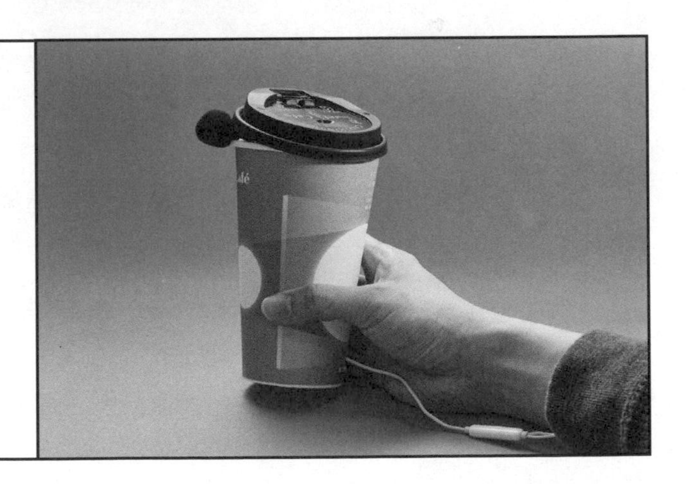

不過你發現了嗎？這組竊聽器受到有線耳機的限制，所以除了必須隨時拿著竊聽器外，還要小心隱藏各種電線，以免露出馬腳。不妨試著搜尋資料，進一步改造成可以錄音或是無線傳輸的竊聽器。

# 變身

「蹲好馬步、左手收拳；右手向前伸直畫圓，大喊變身」。這可是日本特攝※作品《假面騎士》裡的英雄招牌動作。這位頭戴蝗蟲面具、身穿騎士皮衣的英雄於 1971 年電視首播，至今已經有超過 30 部劇集，成為日本家喻戶曉的國民英雄。

故事描述著，主角「本鄉猛」因為身兼科學家與運動全能的賽車手，被意圖征服世界的邪惡組織「修卡軍團」盯上，試圖將主角變成改造人當作征服世界的工具。不料在改造過程中，實驗室意外爆炸喚醒主角；本鄉猛意外發現自己突然力氣變大。原來身體完成改造，取得蝗蟲的力量，但是大腦改造因為爆炸而中斷，幸運保有自我的意識，這也讓他踏上了與修卡軍團對抗的戰鬥與復仇之路。

這個設定後續也誕生出一系列各種假面騎士，也不再侷限於昆蟲的力量，甚至因應時代加上AI人工智慧等各種能力，持續和邪惡組織對抗到現在。

※ 特攝：是「特殊攝影」的簡稱，指的是由真人演出，大量採用特殊效果的拍攝方式所製作的影視作品。早期電腦特效還不發達，演員會穿著道具服扮成超級英雄或是怪獸，場景則用模型搭建。

「蝗蟲的力量有什麼了不起？邪惡組織竟然笨到用來改造人？」其實科學界在討論生物的能力時，通常是以生物本身的身高體重為基準。蝗蟲的後腿力量十分發達，可以跳躍超過身體長度 10 倍的距離；如果把這種腿力放在人身上，等於是具有立定跳遠 20 公尺以上的力量，遠遠超過世界紀錄 3.71 公尺。也難怪歷代假面騎士的招牌必殺技都是運用這種超強腿力誕生的「騎士踢」了。

此外，這強勁腿力也是假面騎士完全發揮力量的關鍵──變身。變身的啟動裝置來自於假面騎士身上的「颱風腰帶」。要變身時，具有強大跳躍力的本鄉猛會全速往空中一跳，產生的風力驅動腰帶中央的風扇旋轉，產生的能量讓本鄉猛變身成具有巨大複眼與觸角等昆蟲特徵，同時又不失帥氣的假面騎士！

在現實世界中，風力確實可以帶動風扇產生巨大的能源，供人使用，這就是近年來再生能源的顯學「風力發電」。在這個單元中，我們要製作風力發電機，雖然無法讓你變身成假面騎士來提升戰鬥力，不過可以提升你的科學力，也是超讚的啦！

# 科學戰略室

想要製作出颱風腰帶，只要運用科學家在電磁學上的大發現──安培定律（俗稱電生磁）以及法拉第定律（俗稱磁生電）。這些定律顯示了電和磁之間可以互相轉換。

常見的電腦散熱風扇就是一個運用安培定律的裝置。散熱風扇是由無刷直流馬達所驅動，它的旋轉軸連接著磁鐵，磁鐵的四周則環繞著多組線圈。當線圈通電時，會因為安培定律而產生磁場，磁鐵在磁場中就受到磁力而動起來；馬達的電路輪流為這些線圈通上電，也就持續帶動磁鐵而產生旋轉。

## 無刷馬達的構造與科學原理

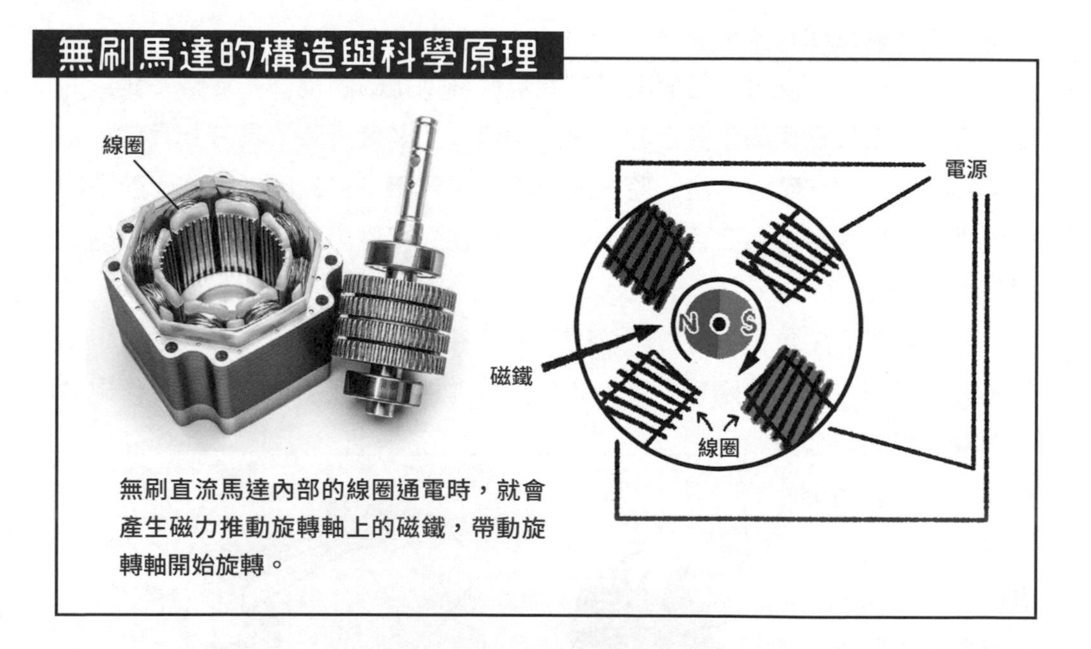


無刷直流馬達內部的線圈通電時，就會產生磁力推動旋轉軸上的磁鐵，帶動旋轉軸開始旋轉。

反之，利用風力吹動這個風扇，旋轉軸上的磁鐵就會不斷的與周圍的線圈產生相對運動，導致線圈內部的磁場不斷產生變化。根據法拉第定律，這樣子線圈上就會因電磁感應產生電流。以假面騎士的話來說，這些電流就是變身的能量。接下來我們要把電腦風扇改裝成風力發電機，體驗假面騎士變身的感覺！

## 科技藍圖

沒想到兩位大科學家安培和法拉第，暗藏了假面騎士颱風腰帶的變身動力機制。現在只要再借用現代科技的力量，就可以製作出一個現代版的颱風腰帶，體驗「類似」變身的感覺。

颱風腰帶最明顯的特徵就是腰帶中央的風扇，考量到我們沒有人體改造後的驚人腳力，以及需要符合一般腰帶的大小，電腦散熱風扇可是絕佳選擇。我們用適當的電路把這些電引出來，就可以把電腦風扇變成風力發電機了！

# 實驗兵工廠

## 材料與工具

A
- ☐ LED 3 顆
- ☐ 滑動開關 1 個
- ☐ 二極體（1N4001）1 個
- ☐ 0.22F 5.5V 超級電容（Ø12x9mm）1 個

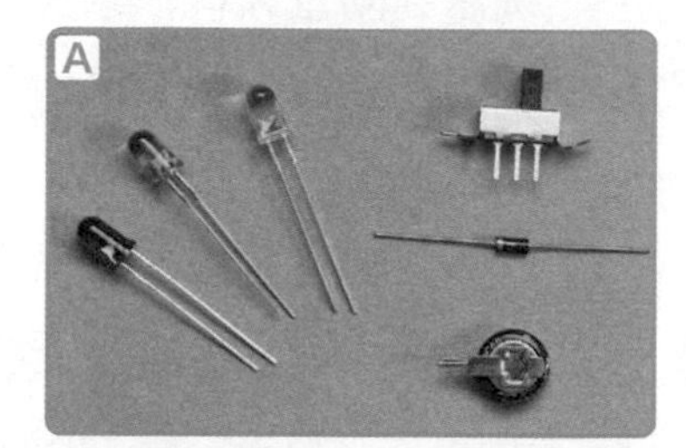


B
- ☐ 電腦散熱風扇（8 公分）1 個
- ☐ 單芯線（藍色、棕色）各 1 組

⚠注意：顏色不拘，只要兩組使用不同顏色即可。

- ☐ 烙鐵 40W、烙鐵架（烙鐵海綿）、銲錫線、助銲劑、剝線鉗、反向夾或鑷子、斜口鉗、雙面膠帶、熱熔膠槍、切割墊

## 實驗步驟

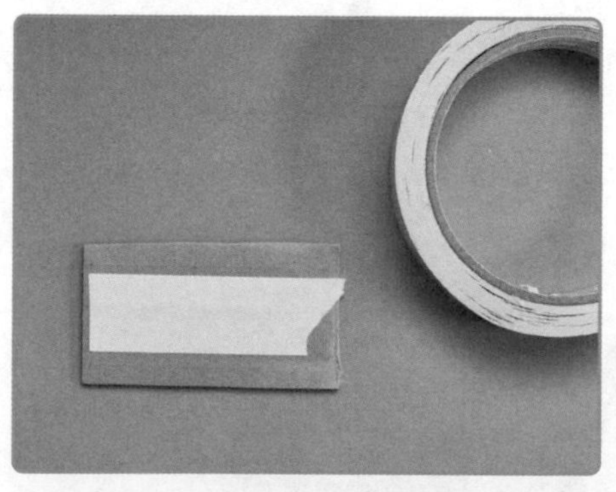

1 先撕一段約 6 ～ 8 公分長的雙面膠帶黏在一片瓦楞紙板上。

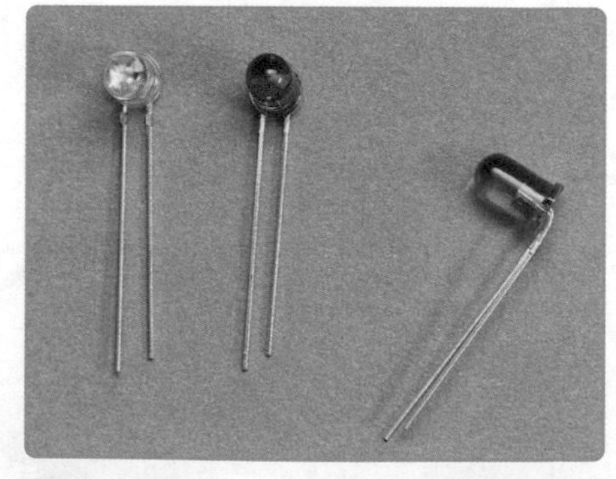

2 把 3 顆 LED 的接腳都折彎 90 度。3 顆 LED 的長短腳都朝同方向折彎。像是照片中，長腳（正極）都在左邊、短腳（負極）都在右邊。

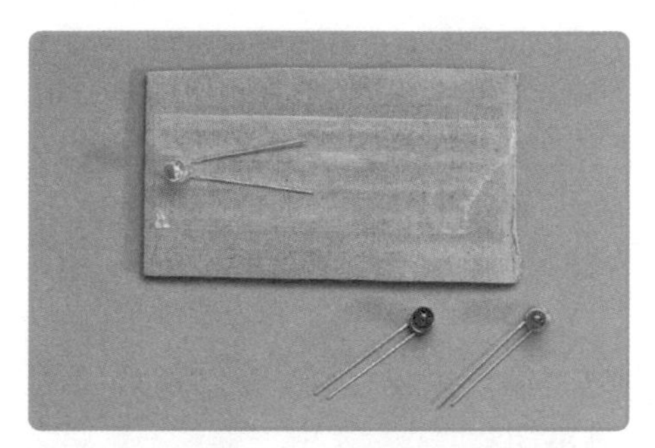

3 撕開瓦楞紙板上的雙面膠帶背膠，先把 1 顆 LED 放上去。

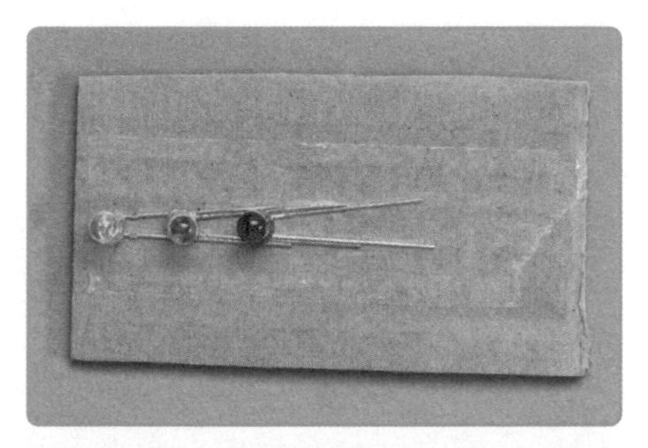

4 把其餘 2 顆 LED 間隔 1 公分依序排列，並且讓所有的 LED 接腳並排接觸。

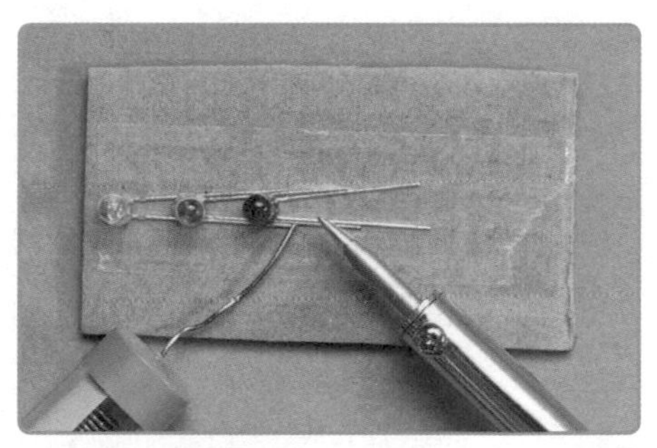

5 用烙鐵和銲錫線，銲接所有相接的 LED 接腳。再將銲接好的 LED 燈串從雙面膠帶上取下。

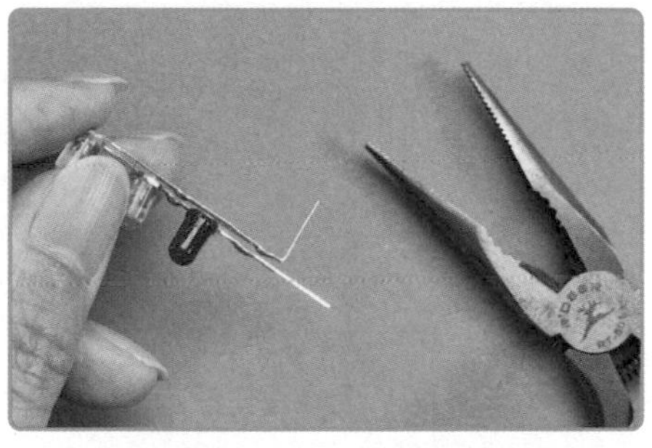

6 用尖嘴鉗將紅色 LED 較短的負極接腳向後折 90 度，再將接腳剪短成 0.5 公分。

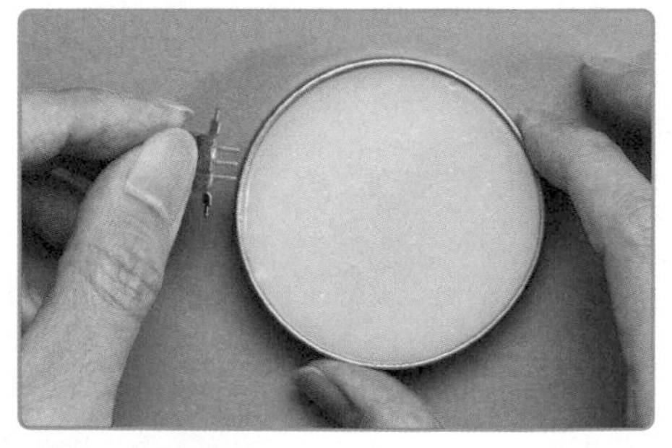

7 把滑動開關的 3 個接腳沾助錫劑。

8 把步驟 7 的滑動開關黏在瓦楞紙板的雙面膠帶上。

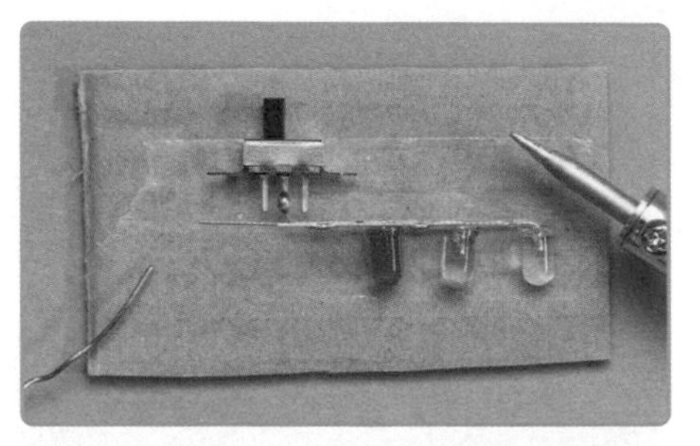

9 把步驟 6 的 LED 燈串的負極折彎接腳，銲接在滑動開關中間的接腳上。

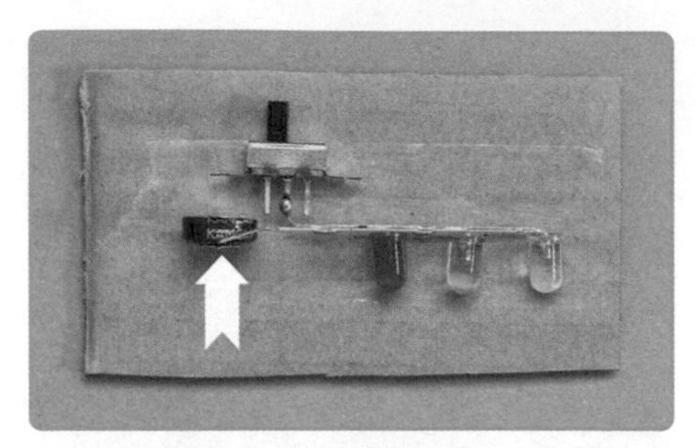

10 把超級電容放上雙面膠上。超級電容的正極接腳，要和 LED 燈串的正極接腳排列成一直線（箭頭指示）。

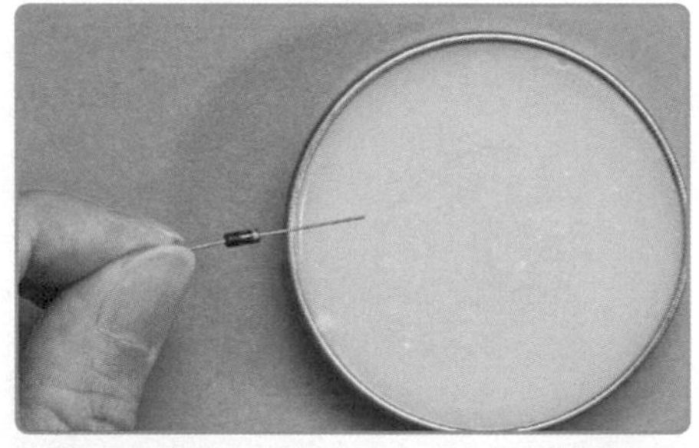

11 二極體有灰白線記號端的接腳沾取助銲劑。

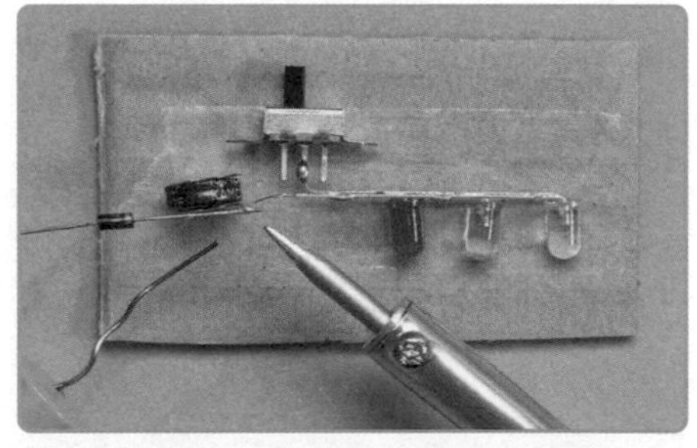

12 把二極體有灰白記號端的接腳，對齊超級電容、LED 燈串的正極接腳。並且銲接在一起。

## 電容的正負極判斷

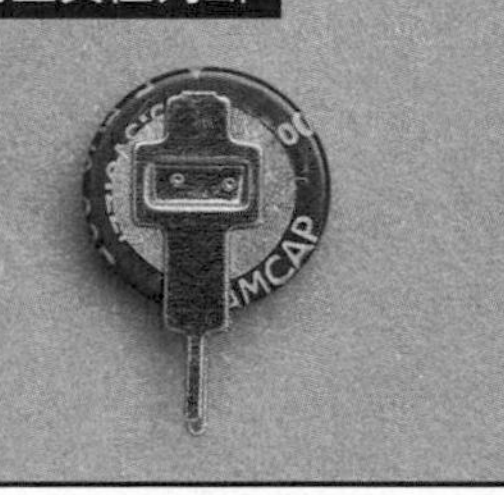

超級電容的正負極並不好分辨，在購買前可以先向店家詢問。以照片的 V 型超級電容來說，負極的接腳金屬片在電容上有個橫槓壓印（左圖），正極則是有個十字壓印（右圖）。

而 C 型超級電容，則是在側邊會有橫線標記，表示這一側的接腳是負極。

⑬ 把棕色單芯線剝皮 0.5 公分並折彎 90 度，折彎的線頭沾取助銲劑。

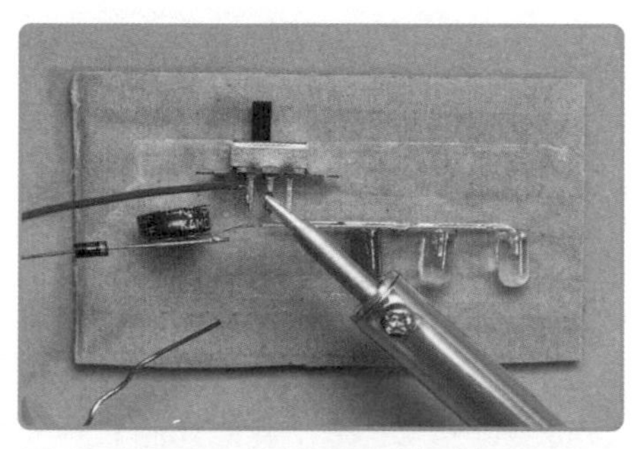

⑭ 把步驟 13 的棕色單芯線銲接在滑動開關的最左側接腳上。

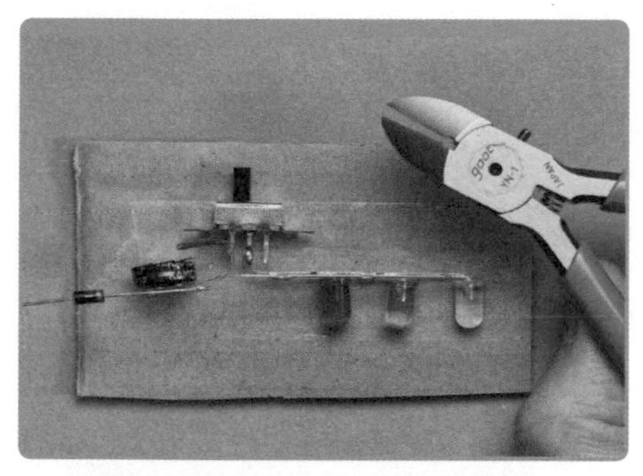

⑮ 用斜口鉗在棕色單芯線距離滑動開關 2 ～ 3 公分處剪斷。

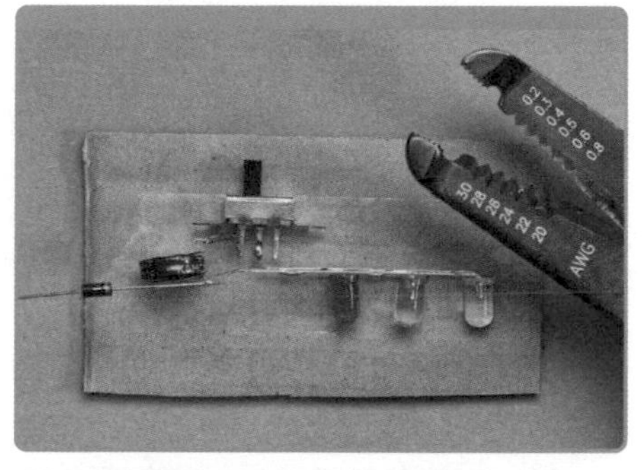


⑯ 剝除步驟 15 的棕色單芯線外皮。

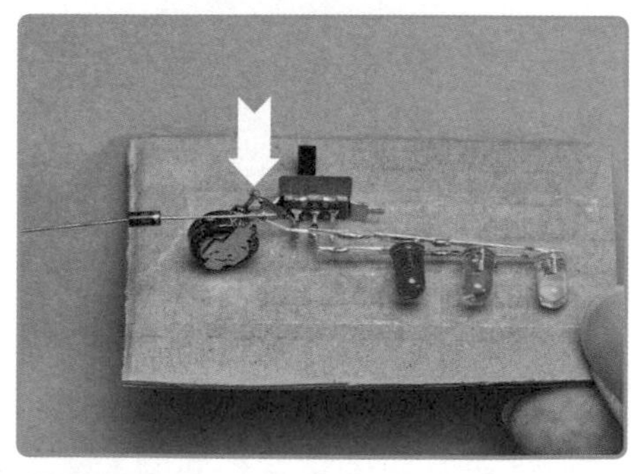

⑰ 把棕色單芯線銲接在超級電容的負極接腳上（箭頭指示）。

⑱ 用斜口鉗剪短二極體另一頭接腳，留下約 0.5 公分長。

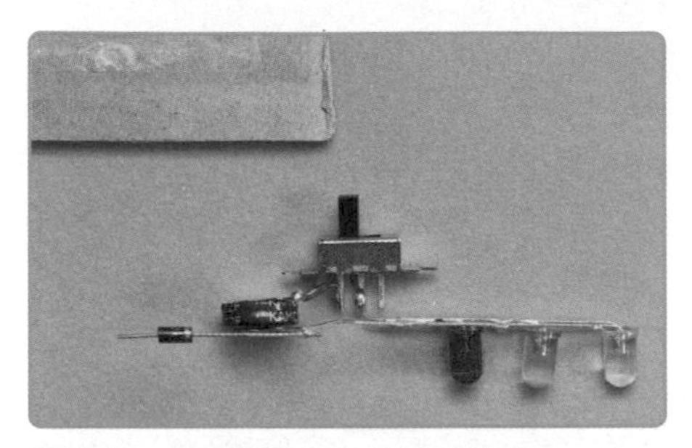

⑲ 從雙面膠帶上取下整組元件。

⑳ 將步驟 19 的元件，依據照片方向放置在電腦風扇上，注意 LED 的方向和風扇的電線在同一側，再用熱熔膠固定。

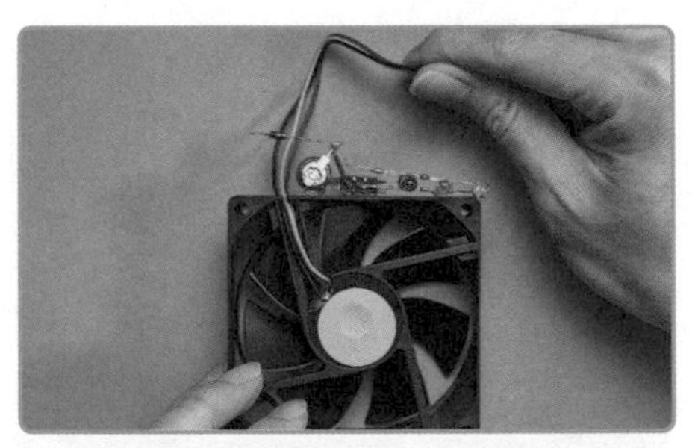

㉑ 把風扇的電線拉至二極體和超級電容附近，預留電線長度可以碰觸到二極體和超級電容長度。比對好後剪斷電線、並剝除外皮。

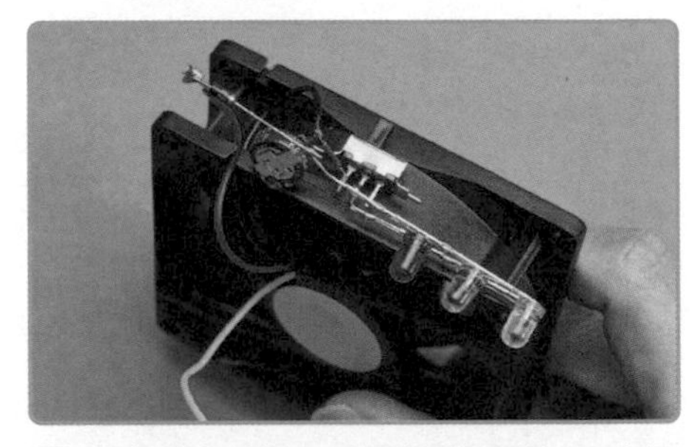

㉒ 將處理好的風扇電線線頭沾取助銲劑。紅色電線銲接在二極體的接腳，黑色電線銲接在超級電容負極接腳。

㉓ 用斜口鉗剪掉風扇上的黃色電線。

㉔ 往電容方向推動滑動開關，看看 LED 燈是否會亮。如果不會亮就要幫超級電容充電。

㉕ 超級電容充電前，必須先把滑動開關撥往 LED 方向，關閉 LED。

㉖ 接著讓風面對 LED 燈串吹，充電時間依照風速來定，剛好吹得動風扇的風速至少要吹 10 分鐘以上才有辦法讓 LED 點亮。

## CHALLENGE++

終於完成颱風腰帶！稍等一下，你是不是還覺得少了一個關鍵物品——腰帶！只有風力發電風扇，卻沒有腰帶，當然是離成為假面騎士還有一大距離。現在換你挑戰看看，試著用家中現有的物品，製作出可以裝上這個風扇並且繫在腰間的腰帶吧！

## 我的超展開實驗紀錄

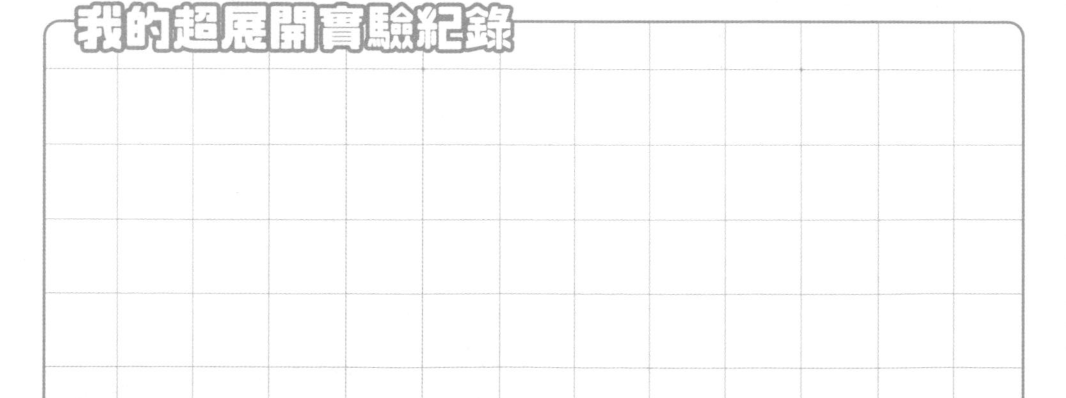

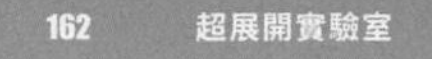

# 我們要去的地方不需要路

穿越時空扮演拯救未來的英雄，或是執行暗殺任務，都是科幻電影愛用的題材。1980 年代的《回到未來》電影三部曲正是這類電影經典，然而主角馬蒂回到未來，卻是拯救那不成材的兒子小馬蒂。第二集是這樣演的……

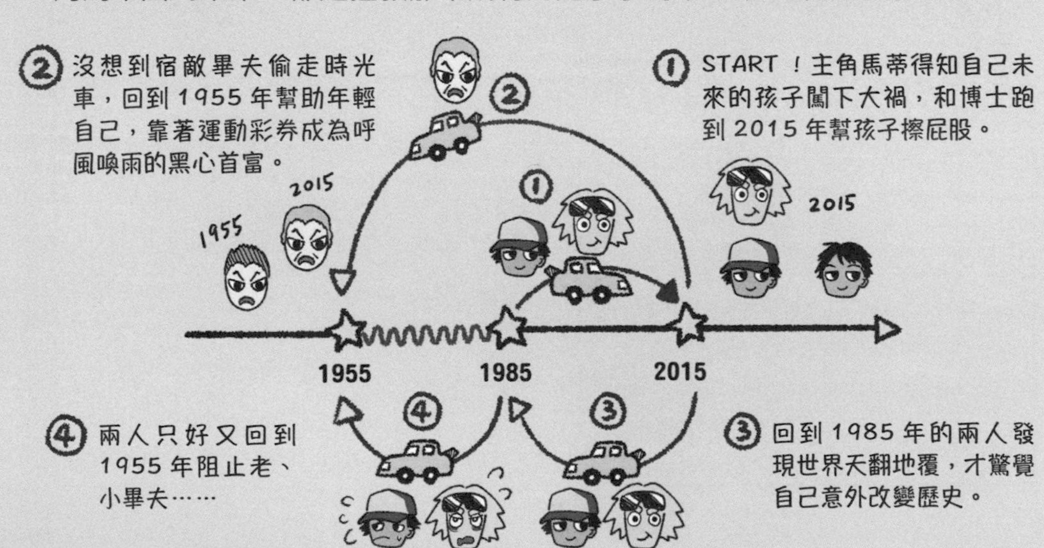

在主角們不斷回到未來、又回到過去中最關鍵的道具，當然是由博士研發，以廚餘為核融合燃料，可以飛行、穿越時空的酷炫跑車。只不過從1985 年到現在，穿越時空的技術依然存在於電影或幻想之中，那馬蒂 2015 年時所穿的自動繫鞋帶的 NIKE 球鞋，以及為了躲避街頭混混，一腳踏上的漂浮滑板，總該在現代出現了吧？

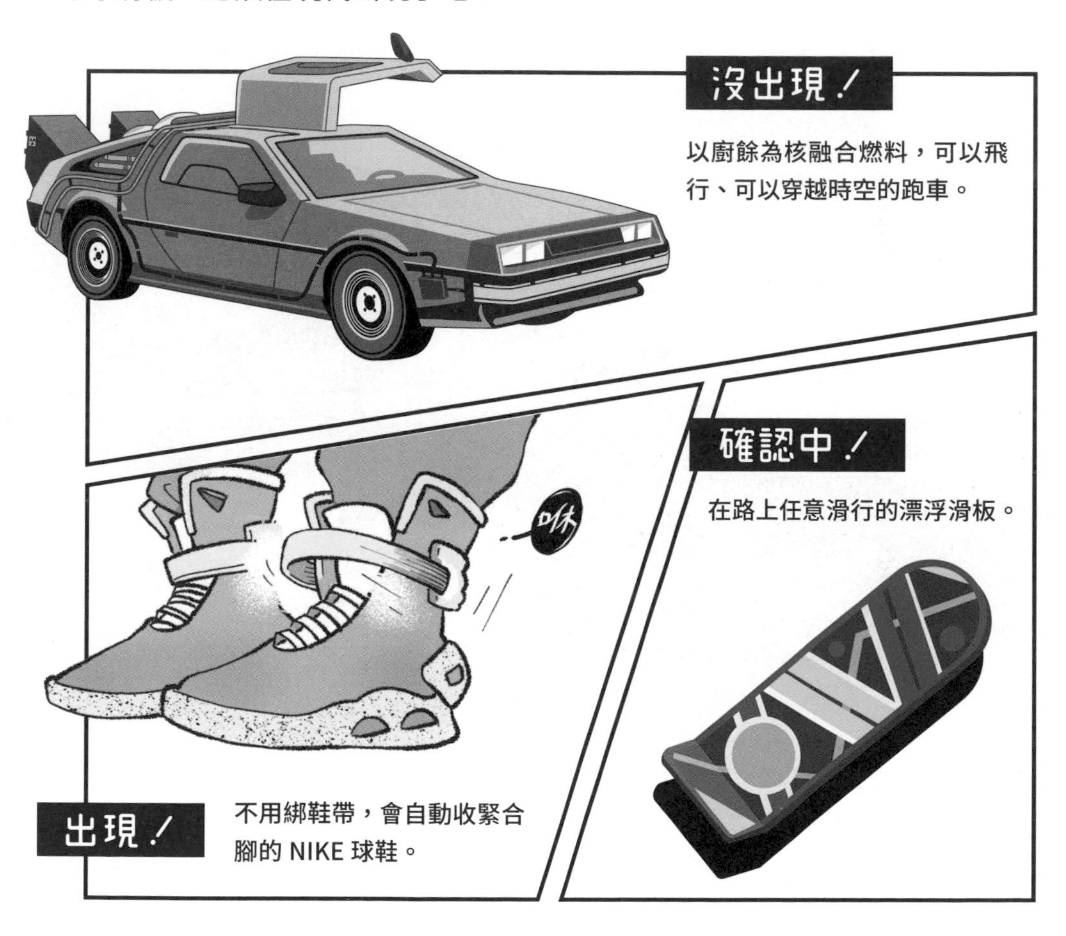


浮在空中的交通工具確實已經誕生，像是磁浮列車利用磁鐵同性相斥的原理，浮在軌道之上高速前進。不過磁浮列車需要在地面鋪設磁鐵軌道，似乎不適合當作在都市裡任意滑行的漂浮滑板。那麼或許另外一種氣墊懸浮，就可能辦到喔！

## 科學戰略室

氣墊懸浮是運用氣墊充氣來達到浮在半空中的效果，在現代科技中最有名的例子就是氣墊船。氣墊船是透過船內和尾端的風扇，實現漂浮與移動的能力，除了可以無縫銜接水面航行與地面移動，甚至因為浮起的船體距離地面有一定高度，還具有跨越障礙物的能力。因此，廣泛使用在軍事及越野救災上。

氣墊船靠著氣墊，就可以直接從水面開上海灘或陸地。

### 氣墊船的原理說明

氣墊船下方會用橡膠圍成一個類似圍裙的構造，利用風扇將空氣打入形成氣墊，讓船懸浮在空中，這時船就像是放在一張由空氣製作的軟墊上，可以自由移動。

# 科技藍圖

當初電影開演時，許多人都問懸浮滑板是真的嗎？導演還煞有其事的說：「當然是真的啊～只不過因為家長抗議很危險，玩具廠商才取消生產的。」沒想到觀眾竟然打電話去廠商要求重新生產……

導演當然是騙人的，不過現代很多科技公司都試著重現這項童年時的夢幻玩具，卻因為造價太貴或是技術門檻太高，而一直無法普及。

Arx Pax公司的 Hendo 滑板，四顆特製引擎的能在特殊磁場中懸浮。

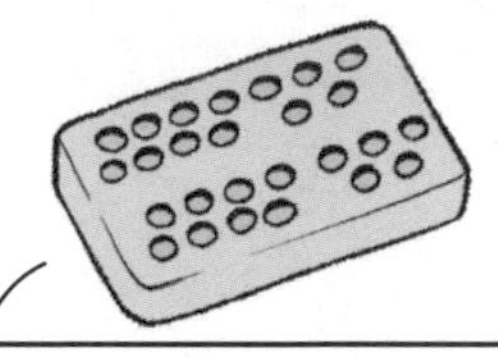

ArcaSpace 公司的 ArcaBoard，在滑板上設置許多大功率風扇，產生強大推力而懸浮。

雖然這些科技滑板昂貴又高科技，但是我們還是可以用現有材料，製作出利用氣墊原理的懸浮裝置。先來看看設計圖：

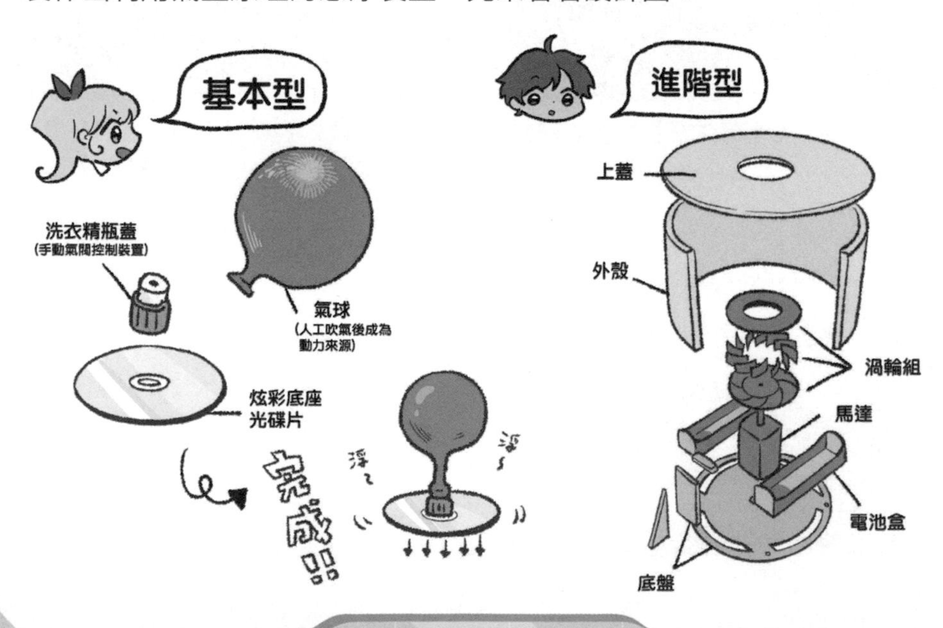

## 基本型氣墊船

### 材料與工具

- □ 洗碗精瓶蓋 1 個
- □ 光碟片 1 片
- □ 充氣氣球 1 個
- □ 熱熔膠槍

### 實驗步驟

1 用熱熔膠將洗碗精瓶蓋黏在光碟片中間。

2 把氣球吹飽氣並套在洗碗精瓶蓋上。記得先把瓶蓋頭下壓，防止氣球的氣體從瓶蓋洩漏。

3 將光碟平放在桌上，只要拉起洗碗精瓶蓋頭，就可以讓光碟氣墊船在桌面上滑動了！

⚠ 注意：瓶蓋頭只要稍微拉開一點，就有足夠空氣能夠讓光碟片漂浮。

## 進階型氣墊船

### 材料與工具

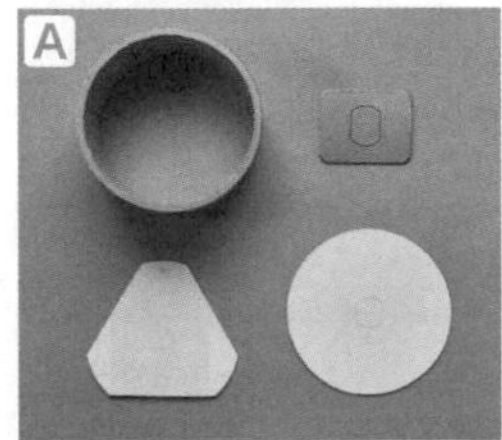

A
- □ 紙筒（外徑 8 公分、內徑 7.5 公分、高度 4.5 公分）1 個
- □ 圓形紙板（直徑 8 公分）1 片
- □ 三角底板（以直徑 7.5 公分為基礎設計的正三角型）1 片
- □ 馬達固定板 1 片

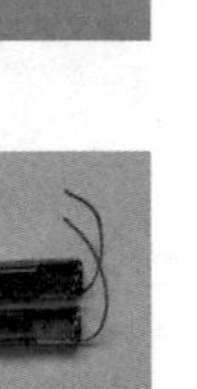

B
- □ 六角銅柱（M3 細牙 4 公分長）3 根
- □ 螺絲帽、螺絲（M3 細牙，螺絲 0.5 公分）各 3 個
- □ 電話接線端子 3 個
- □ 3 號單只電池座 2 個
- □ 3 號電池 2 個
- □ 滑動開關 1 個
- □ 渦輪風扇 1 個
- □ 玩具車小馬達 1 個

- □ 熱熔膠槍、尖嘴鉗、雙面膠帶

### 實驗步驟

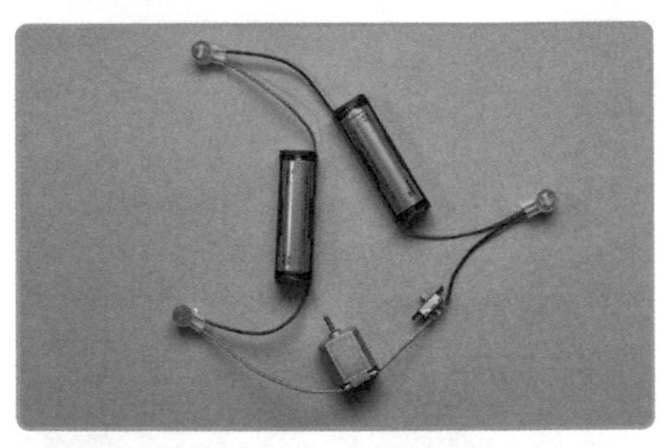

1 依照照片擺放，使用電話接線端子，連接兩個電池盒、馬達以及滑動開關。

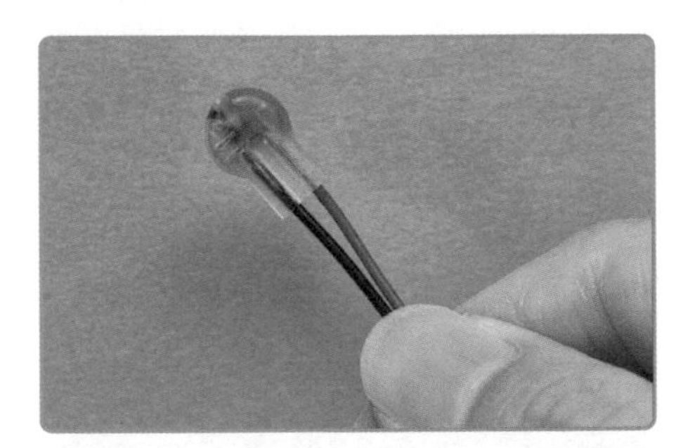

2 練習使用電話接線端子。將兩條電線插入端子中，不用考慮顏色或左右順序，把兩條電線插到底即可。

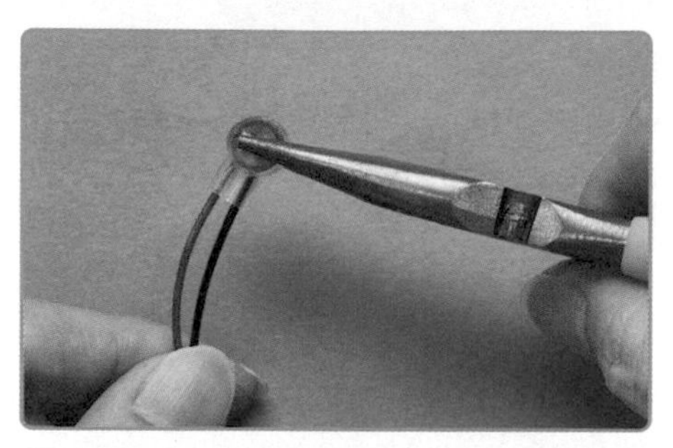

3 用尖嘴鉗將電話接線端子夾緊，讓整個橘黃色上蓋沒入本體內，就算完成連接。並且接續完成其他兩個端子。

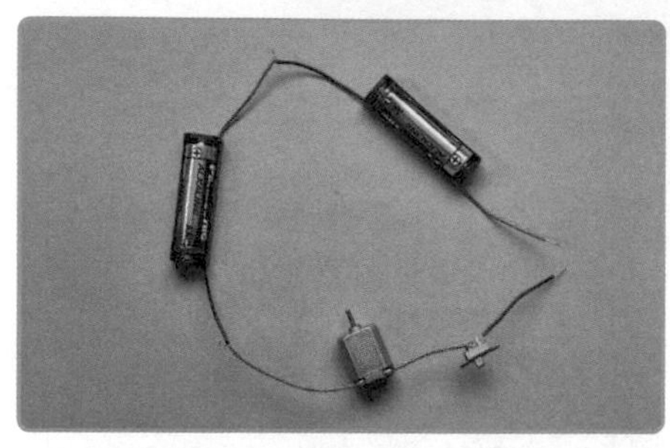

4 完成連接兩個電池盒，馬達與開關後，撥動滑動開關檢查馬達是否順利轉動。

⚠ 注意：如果馬達沒有順利轉動，表示接線端子沒有安裝正確，可以直接剪掉，改用電線直接纏繞連結。

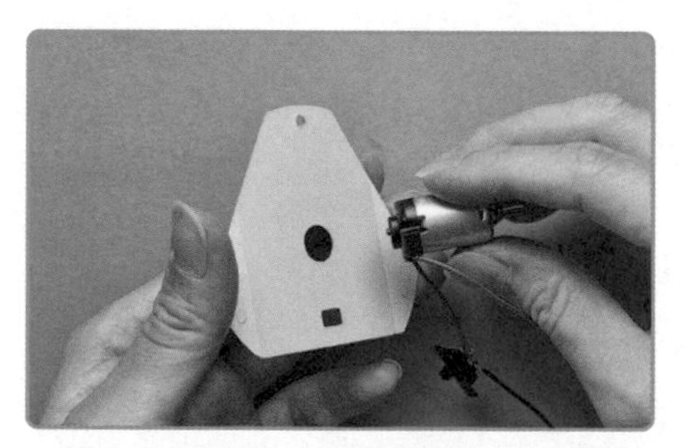

5 撕下三角紙板上的背膠，將馬達的尾端對準紙板中間圓孔上，注意馬達的連接電線端要朝向方型開孔。

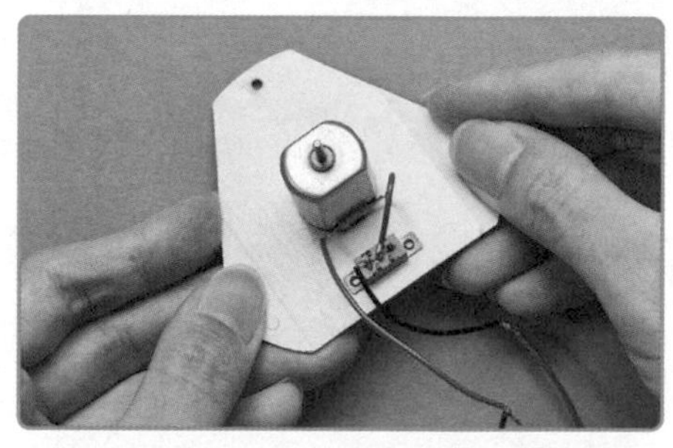

6 把滑動開關的滑動頭朝下穿過底板方孔並按壓固定。

7 兩個電池盒相互平行，並且電池盒底部夾住馬達後，黏在紙板上。

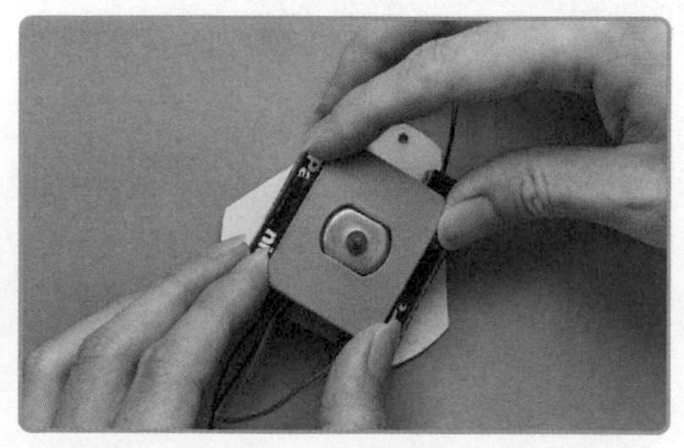

8 把馬達固定片背膠撕掉，從電池上方套過馬達黏在電池盒上。

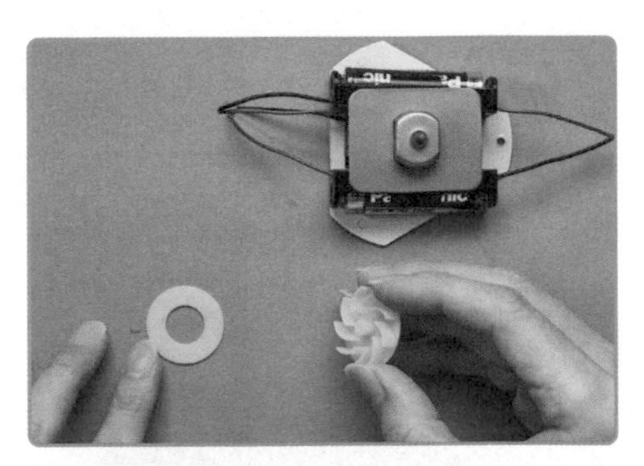


9 渦輪風扇的塑膠墊圈放置在桌上，渦輪葉片朝下平放在墊圈上。

10 用馬達軸心穿過渦輪中間孔洞。

⚠ 注意：渦輪風扇的塑膠墊圈只是用來保護葉片，以防軸心用力穿過時，壓傷葉片。墊圈後續不會再使用。

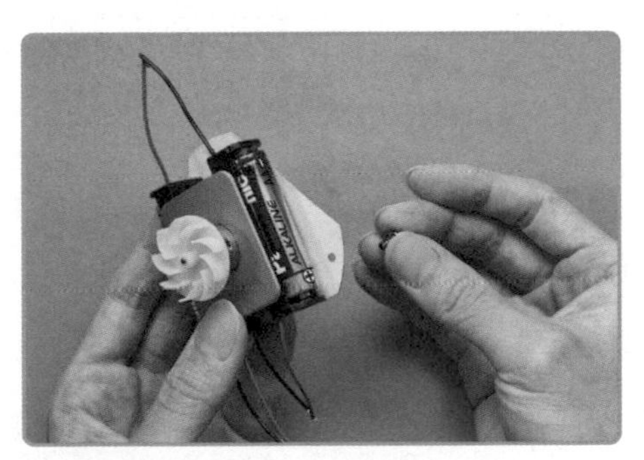

11 把螺絲從紙板下方穿過。

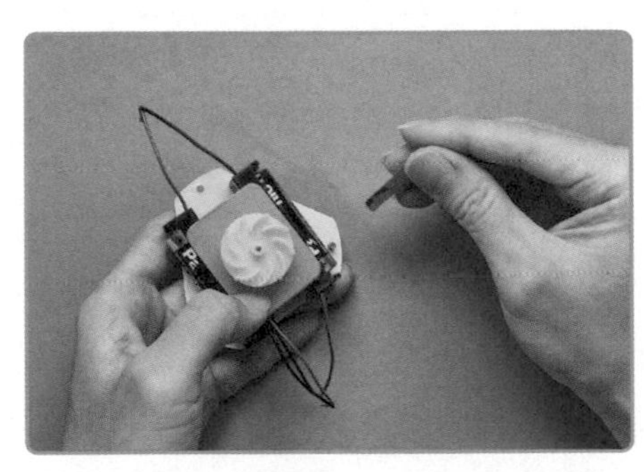

12 將銅柱鎖上螺絲。一共完成 3 個。

13 蓋上圓形紙板讓銅柱穿過紙板的孔洞並鎖上螺帽。一共完成 3 個。

14 在紙筒邊緣使用熱熔膠，並且將步驟 13 完成的裝置放入紙筒內黏緊，就完成。

## CHALLENGE++

完成後的這兩款氣墊船，因為浮在空氣中，沒有地面摩擦力的阻礙，所以只要輕輕一碰就可以移動的飛快。這樣是不是有讓你想起一種玩具呢？遊樂場裡的空氣曲棍球，也是利用氣墊懸浮才讓塑膠盤移動迅速。

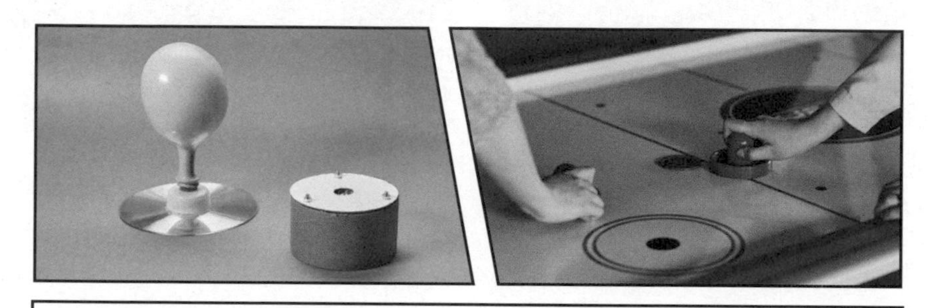

這兩款氣墊船毫無阻力的漂浮樣子，是不是跟空氣曲棍球很像呢？遊樂場裡的空氣曲棍球也是利用氣墊懸浮原理，只不過空氣是由桌面的小洞噴出，讓塑膠盤浮起。

如果要重現回到未來的漂浮滑板，那麼最重要的是要先加上滑板啊！不然我們怎麼站著上去，而且站上去還能夠保持漂浮，才是真正的考驗。首先要計算出氣墊船的載重能力，最後估算出需要多少個裝置，才能乘載一個人的體重。

滑板重量：40 公克
氣墊船：125 公克

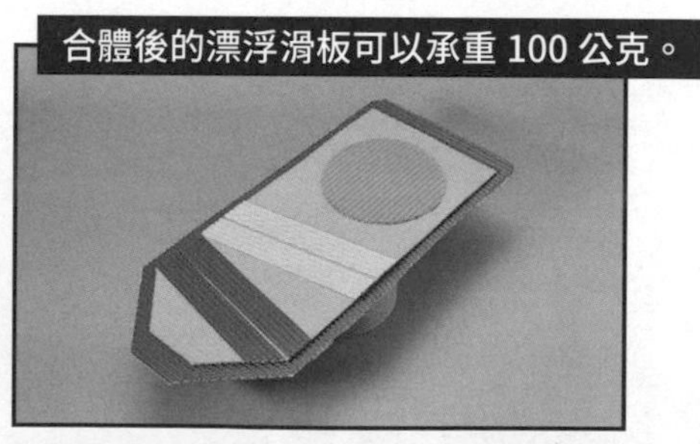

合體後的漂浮滑板可以承重 100 公克。

依照這個裝置，一個氣墊船只能承重 100 公克。如果一位體重 60 公斤的人，那可能最少要用上 600 個氣墊船。600 個氣墊船排列出的面積就跟教室裡的黑板差不多了；這麼大的黑板就只能載一個人，也難怪現實生活中，還沒有出現真正實用的漂浮滑板了。

雖然載人的漂浮滑板是做不到，但是這樣的迷你漂浮滑板還是可以有很多改造空間，你應該也想到這台滑板目前只能漂浮，如果需要前進後退、左轉右轉，又該如何改造呢？試著設計出能夠移動的漂浮滑板。

## 我的超展開實驗紀錄

## 我是雷電之神

如果要《復仇者聯盟》成員排名誰最強，雷神索爾可說強力候選人之一，除了他擁有神的身分與天神能力外，手上揮舞的「雷神之鎚」更能號召雷電之力，摧毀所有敵人。只不過這個號稱索爾的最佳夥伴雷神之鎚，也曾背棄而去。

在《雷神索爾》電影一開始，索爾的父親阿斯嘉之王「奧丁」因為年事已高，準備傳位給索爾。然而索爾為了報復死對頭「寒冰巨人」趁加冕典禮時入侵皇宮，於是瞞著奧丁率領夥伴攻打寒冰巨人，只不過索爾一行人被打得一敗塗地，後來是奧丁及時趕到，才救回眾人性命。

奧丁對索爾的無腦十分憤怒，不僅收回加冕儀式，也剝奪索爾神力，放逐到人類世界。同時雷神之鎚也被奧丁丟入人間，並且下了咒語：「只有具有資質之人，能夠舉起並使用此鎚，而且繼承雷神之力。」電影最後，索爾終於領悟犧牲與無私精神，重新拿起雷神之鎚，一舉擊敗敵人，重回阿斯嘉。

雷神之鎚作為電影裡的關鍵道具，其來頭可不小。根據索爾所說，雷神之鎚來自於尼達維利爾的矮人工匠，使用烏魯金屬在恆星熔爐裡鍛造而成。這個四四方方，像笨重大鐵塊的鎚子，可說是索爾最親密的戰友，在他的手上有如第二生命一般，活用自如。

雷神之鎚可以招喚雷電之力。

索爾可以急速旋轉鎚子，再丟出重擊敵手；或是跟著旋轉後鎚子一起飛行。無論鎚子在哪，只要索爾右手一伸，就可以立刻回到身邊。更不用說，鎚子具有控制天氣、招喚雷電的能力，替原本物理性的攻擊，增加了魔法屬性。

難怪，電影中索爾對他的地球女朋友珍，說了一句頗富深意的話：「你們的祖先稱之為魔法，你們現在稱之為科技；對我們（神）來說，都是一樣的。」如果古代人看到現代科技的力量，大概也會以為是神蹟吧！

以現代科技的觀點來看奧丁封印了雷神之鎚的「咒語」，其實就是奧丁做了電磁開關，把雷神之鎚給關機了。在這個單元中，我們不做「擁有雷電威力的雷神之鎚」這種危險的東西，就來做個「電磁開關」吧！

雷神索爾還可以和美國隊長使用合體技，用鎚子敲美國隊長的盾，發出巨大閃電。

## 科學戰略室

既然雷神之鎚是富含雷電之力，運用科學上的電磁之力來模仿奧丁的咒語也是非常合理的事！我們可以將奧丁對於雷神之鎚的咒語，想像成槌子強力吸附在鐵板上，只有當資質之人伸手握住槌柄時，吸附力就神奇的消失了。

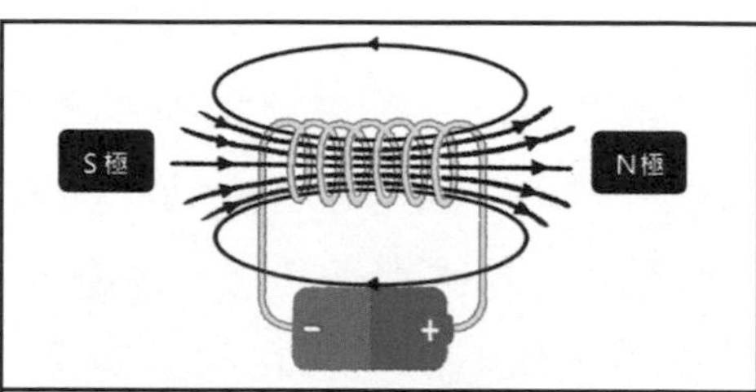


電磁鐵內部是螺線管線圈，線圈通上電流時會產生磁場，整體就像是一根棒狀磁鐵。

首先，要讓槌子吸附在鐵板，可以利用電磁鐵，它的內部線圈在通上直流電時，會因為安培定律，電流產生磁場，產生磁力吸附住鐵板。

而咒語的關鍵就是這個電磁鐵裝置，因為只要關閉電流，磁力就會消失。要達到這個目的，我們可以利用「磁簧開關」。以三腳磁簧開關為例，它是一個小小的玻璃管，三隻腳接著玻璃管內部的三個簧片，一端是有彈性並可擺動切換的「共用簧片」，另一端是固定不動的「常閉簧片」及「常開簧片」。

### 磁簧開關的運作原理

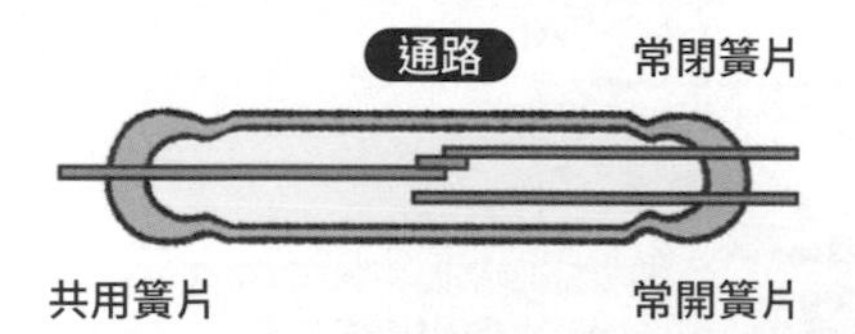


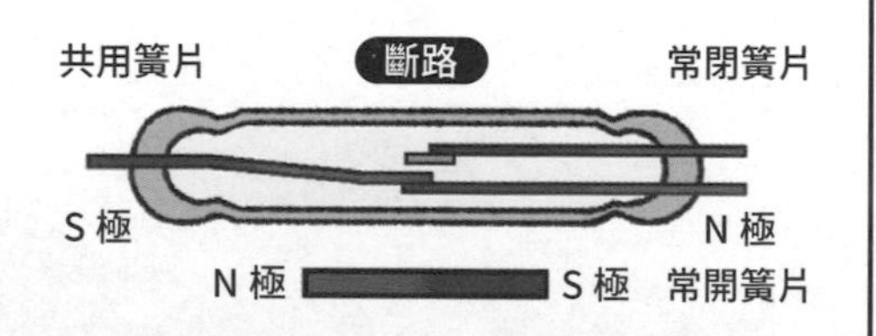


共用簧片平時保持只和常閉簧片接觸的狀態，電流可以從共用簧片流向常閉簧片，形成「通路」。當磁鐵靠近時，磁場會使常開簧片磁化而產生吸力，將共用簧片吸向常開簧片，並且和常閉簧片分開。因此，從通路變成「斷路」，電流也就無法流過。

在接下的實驗中，我們就利用電磁鐵和磁簧開關……以及一點點的電磁之力，來完成附有奧丁咒語的雷神之槌吧！

已經知道奧丁的咒語可以透過現代的電磁鐵和磁簧開關來實現，接著就要想盡辦法，讓咒語附魔在雷神之槌上，讓有資質之人——有磁鐵之人，可以一舉拿起吸附在鐵板上的雷神之鎚。

# 實驗兵工廠

## 材料與工具

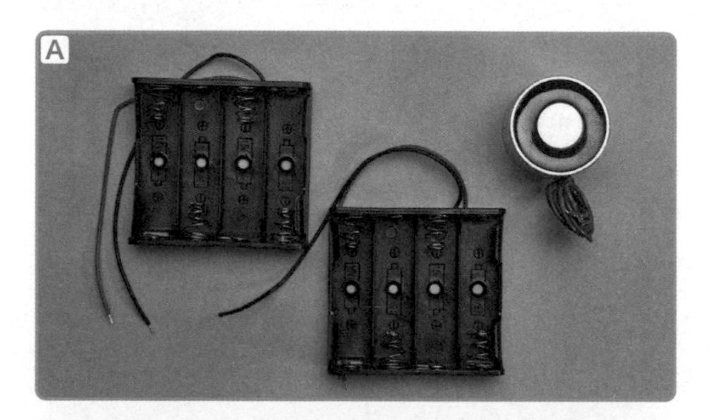

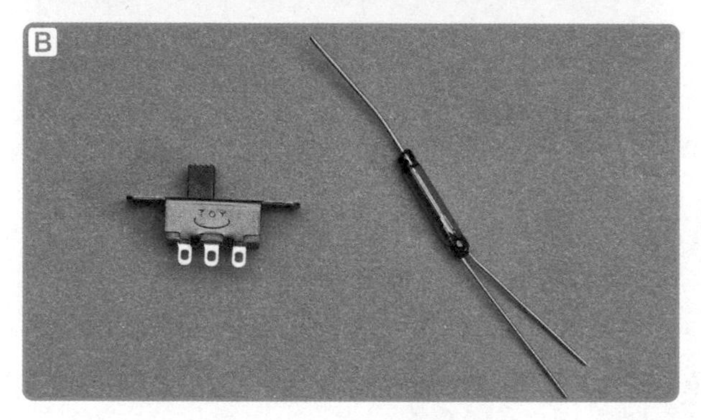

A
- ☐ 三號電池盒（可裝 4 顆電池）2 個
- ☐ 電磁鐵（12V- 吸力 35kg）1 個

B
- ☐ 滑動開關 1 個
- ☐ 三腳磁簧開關 1 個

- ☐ 單芯電線（藍色、棕色）各 1 組
- ☐ 瓦楞紙盒（尺寸約 20×10×10 公分）一個
- ☐ 烙鐵 40W、烙鐵架（烙鐵海綿）、銲錫線、助銲劑、剝線鉗、反向夾或鑷子、斜口鉗、絕緣膠帶、熱熔膠槍、切割墊、三用電表

**實驗步驟**

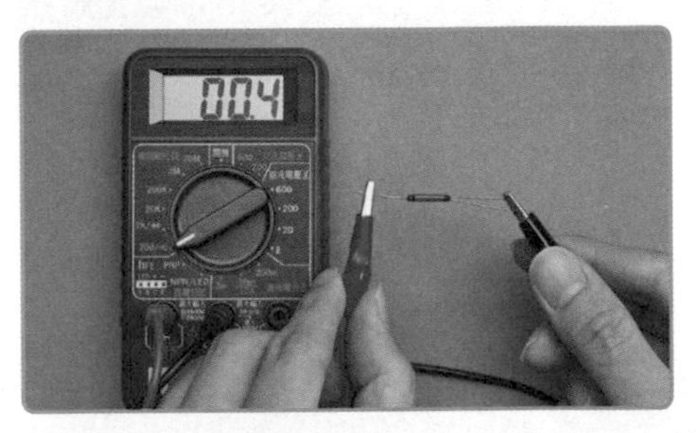

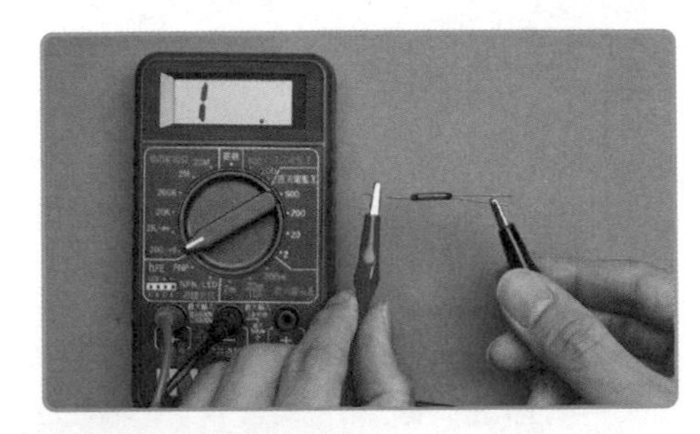

1 使用三用電錶測量三腳磁簧開關，找出斷路與通路的接腳。

2 先將三用電表調至測量電阻（最小 200 歐姆），依照照片指示，分別將電表的兩條鱷魚夾，夾上三腳磁簧開關的兩端接腳。

3 左圖顯示電阻極小，表示目前是通路。右圖顯示電阻極大，表示目前是斷路。並且記住三腳磁簧開關右方兩腳的通路與斷路接腳。

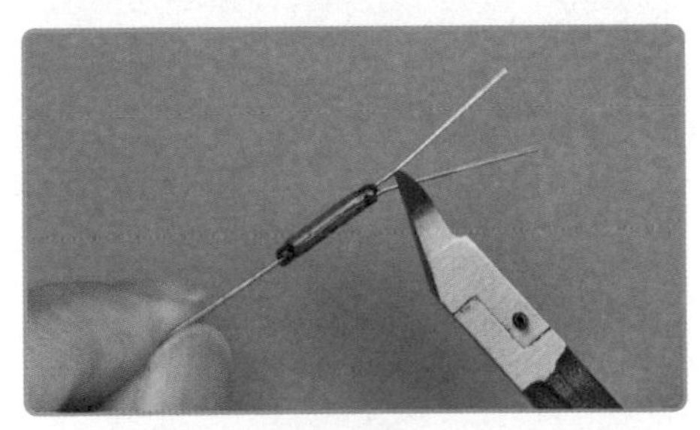

4 使用斜口鉗剪除斷路的接腳。剪除後可以再用三用電表確認一次，以防止剪錯。

5 把其中一個電池盒的紅色電線（A 電池盒），與另外一個電池盒的黑色電線（B 電池盒），用剝線鉗剝除約 1 公分長的外皮。

6 將步驟 5 兩條裸露電線，用手絞在一起。

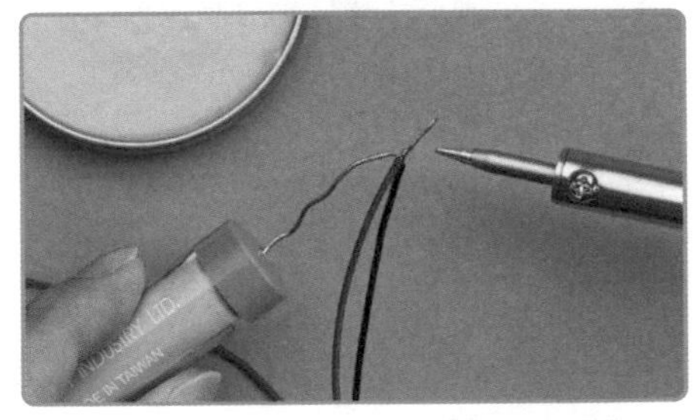

7 將步驟 6 絞合的電線沾取助銲劑，再使用烙鐵銲接在一起。

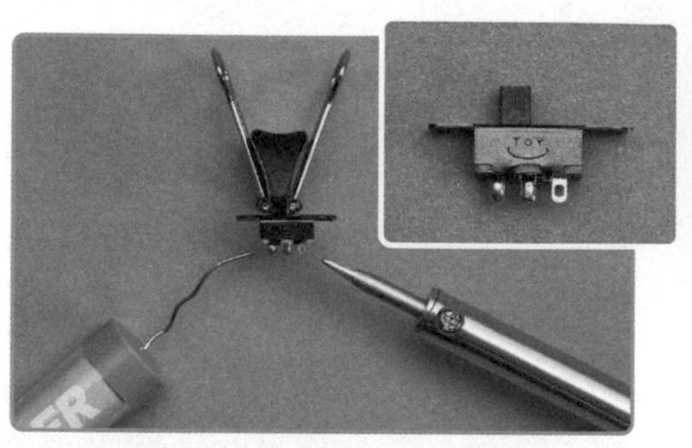


8 使用烙鐵將銲錫融化在滑動開關的左邊與中間的接腳上。

⚠ 注意：滑動開關可以用夾子固定，方便焊接操作。

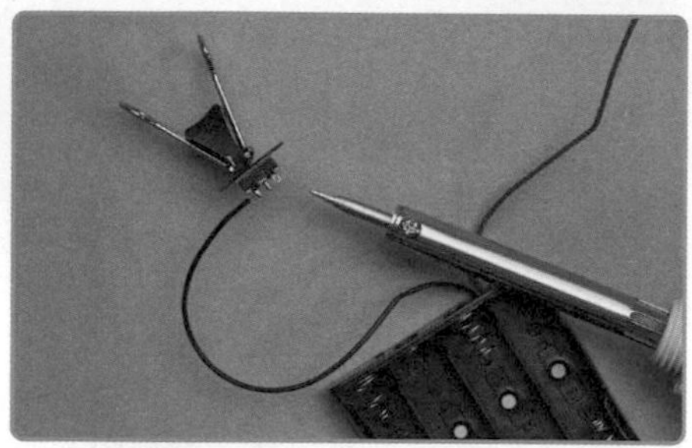

9 將 A 電池盒的黑色電線用烙鐵壓在滑動開關左邊的接腳上銲接。

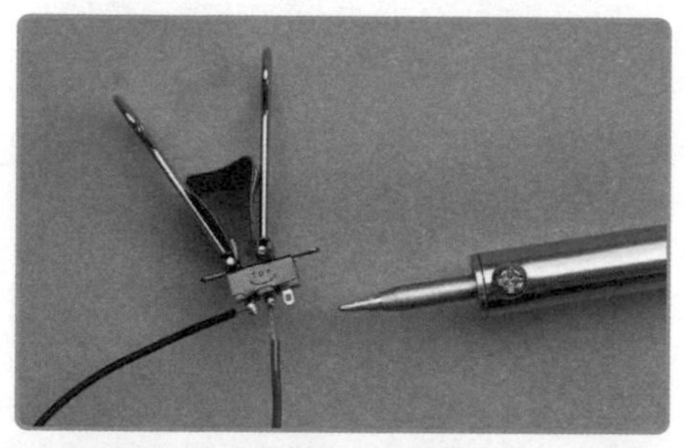

10 把電磁鐵的其中一條電線以同樣方法銲接在滑動開關中間接腳上。

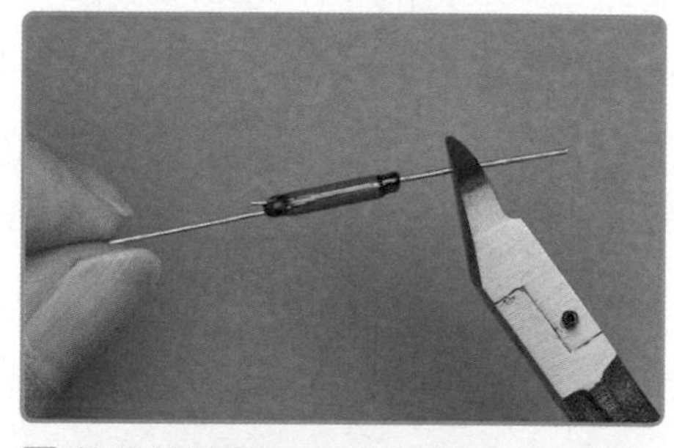

11 將磁簧開關兩端的接腳用斜口鉗剪成剩下 0.5 公分。

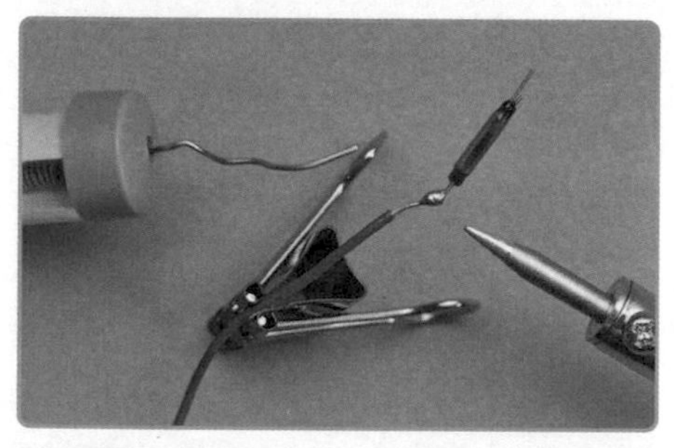

12 磁簧開關的其中一個接腳沾取助銲劑，再使用烙鐵銲接到電磁鐵的另一條電線上。

⚠ 注意：電磁鐵的兩條電線，一條銲接在開關中間接腳，另外一條銲接在磁簧開關。

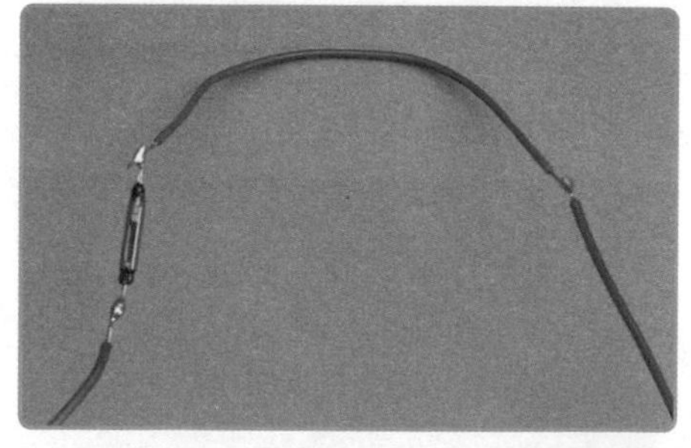

13 剪取一條約 10 公分長的藍色電線，將兩頭剝除外皮後，其中一端銲接在磁簧開關的接腳上，另一端銲接在 B 電池盒的紅色電線上。

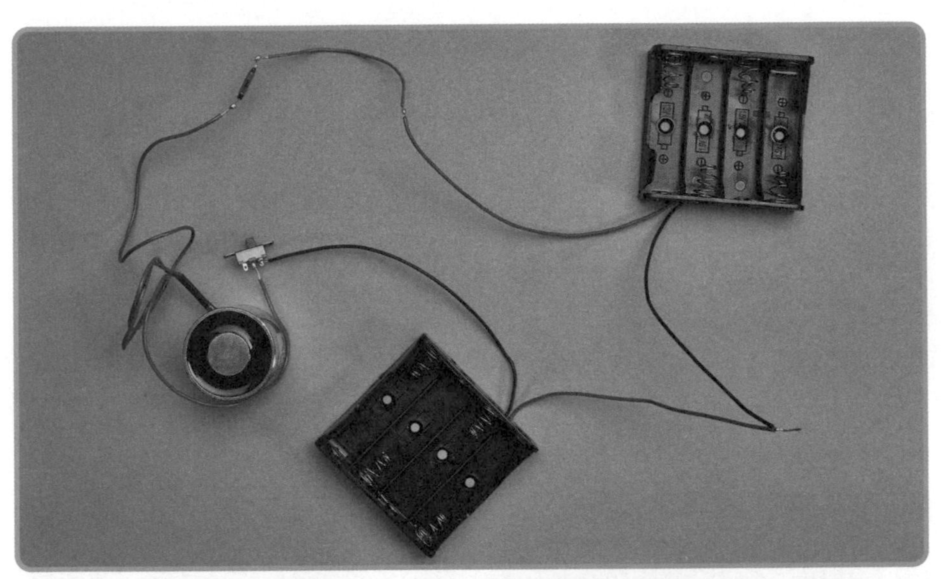

⑭ 完成後的電磁鐵、磁簧開關、滑動開關以及兩個電池盒的連接對應圖。請再次確認彼此的相對位置。

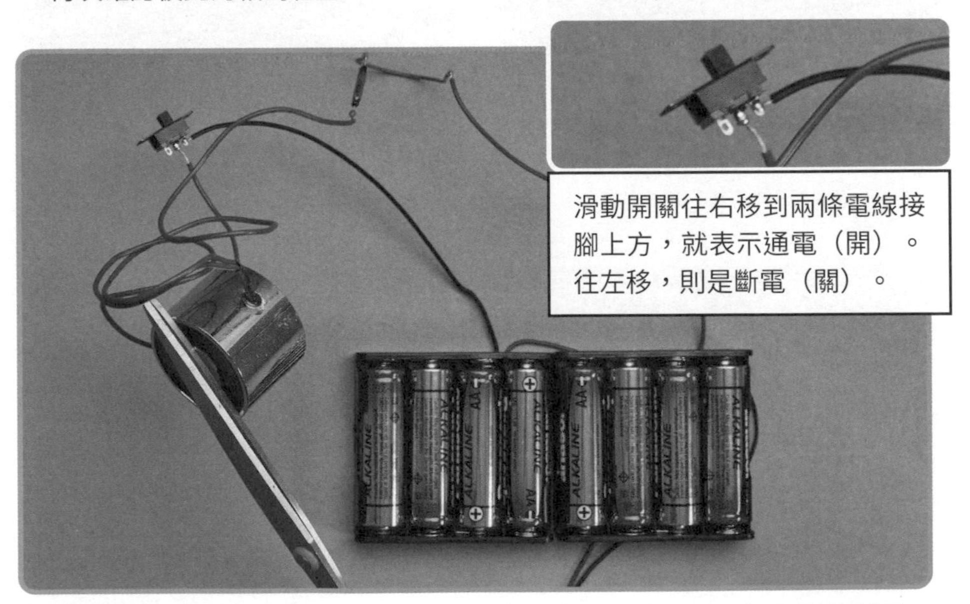


⑮ 將兩個電池盒裝上電池，開啟滑動開關測試電磁鐵是否可以吸附鐵製品。並且再拿磁鐵靠近磁簧開關，測試是否會斷電，讓電磁鐵失去磁力。

16 使用絕緣膠帶包住所有電線裸露的部分。

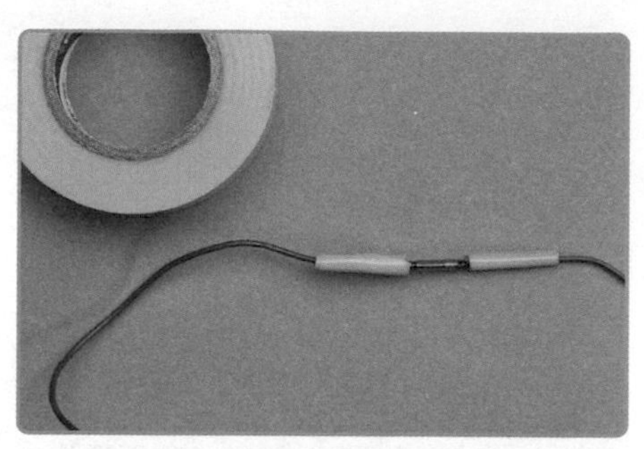

17 磁簧開關則是接腳和裸露的電線用絕緣膠帶包覆。但是磁簧開關不用包覆，以免阻礙磁鐵感應。

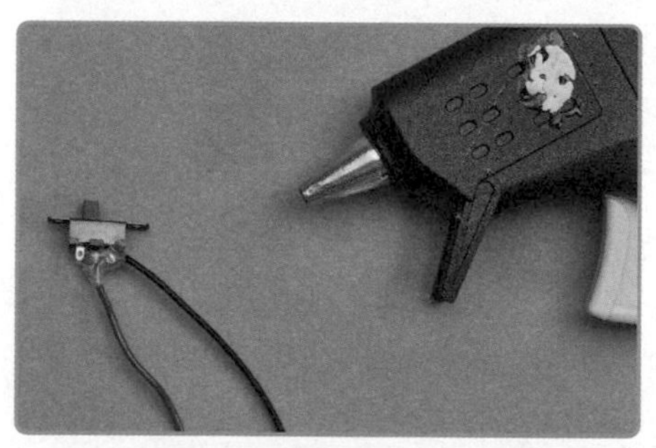

18 滑動開關的接腳焊接處，可以塗上熱熔膠來絕緣保護。

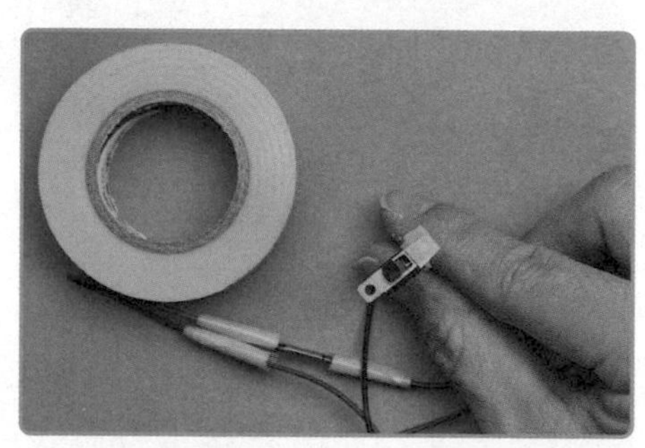

19 在滑動開關的「開（通電）」，用絕緣膠帶標示。

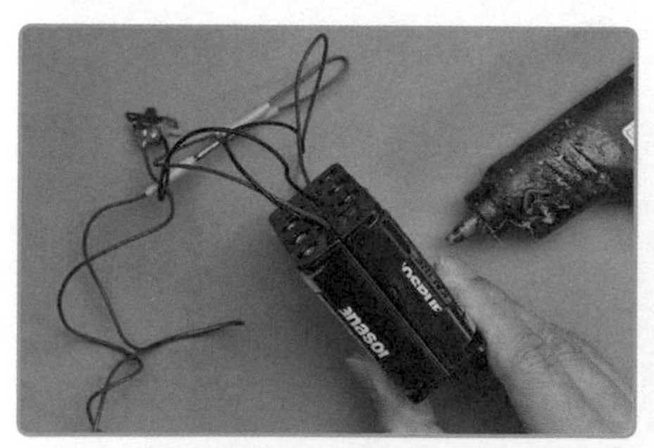

20 將兩個電池盒的電線位置擺放向上，並使用熱熔膠黏接兩個電池盒。

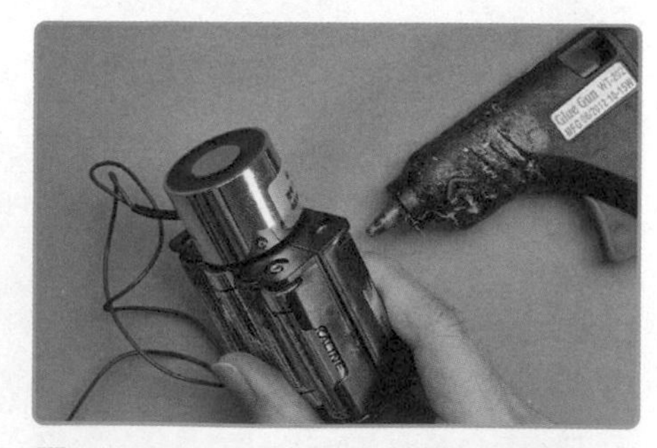

21 使用熱熔膠將電磁鐵黏接兩個電池盒的底部，也就是沒有電線的位置。

㉒ 在紙箱的側面用美工刀切開一個剛好可以放進電磁鐵的圓形缺口，以及一個可以放入滑動開關的缺口。紙箱兩側都需要挖孔。

㉓ 把電磁鐵從紙箱開口放入，電磁鐵放入步驟 22 的圓形缺口。滑動開關、磁簧開關等電線，則是由另外一個缺口穿出。

㉔ 使用熱熔膠固定電磁鐵和圓形缺口。注意要確保電磁鐵有稍微凸出紙箱表面。

㉕ 紙箱另外一面，使用熱熔膠固定穿出的滑動開關。並且確認磁簧開關有拉出紙箱。

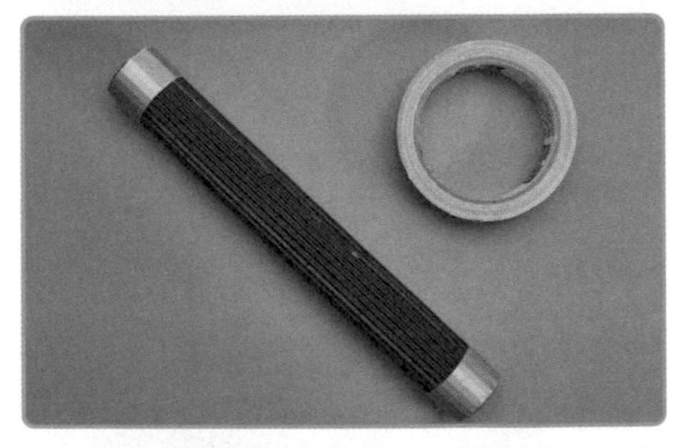

㉖ 製作一個瓦楞紙捲，長度約 20 公分，紙捲的直徑可以剛好套入紙箱的圓形缺口。

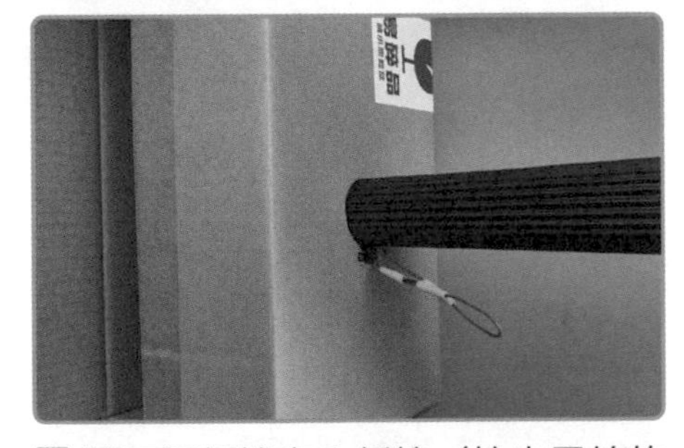

㉗ 將瓦楞紙捲穿入紙箱（拉出電線的缺口），並且確認磁簧開關的電線有拉出紙箱表面。

㉘ 用熱熔膠黏接紙捲和電池盒。

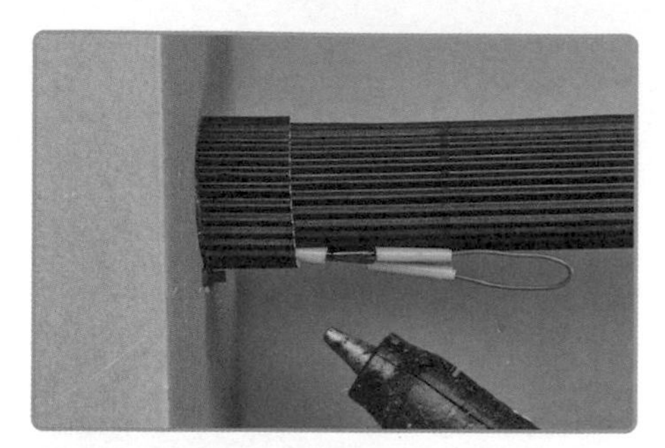

㉙ 剪裁一片瓦楞紙片，依照照片指示在紙捲上固定磁簧開關。注意瓦楞紙片不要蓋住磁簧開關。

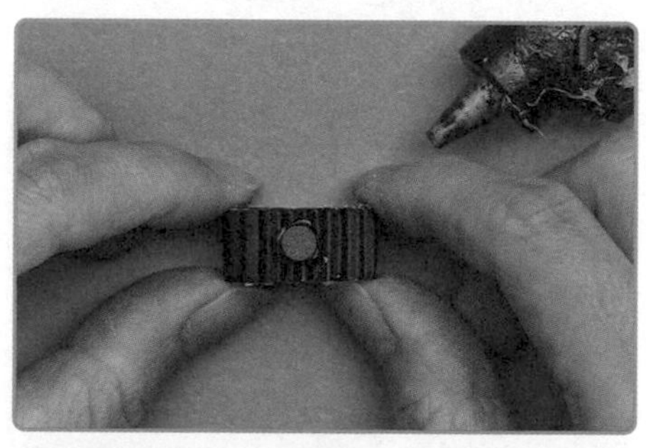

㉚ 利用瓦楞紙與磁鐵，製作一個磁力戒指，大小剛好可以帶在手指上。後續可以使用這個磁力戒指控制磁簧開關，讓電磁鐵斷電失去磁力。

㉛ 將滑動開關切至開啟的位置（黃色膠帶標記）就可以將槌子的電磁鐵吸附在鐵製品。

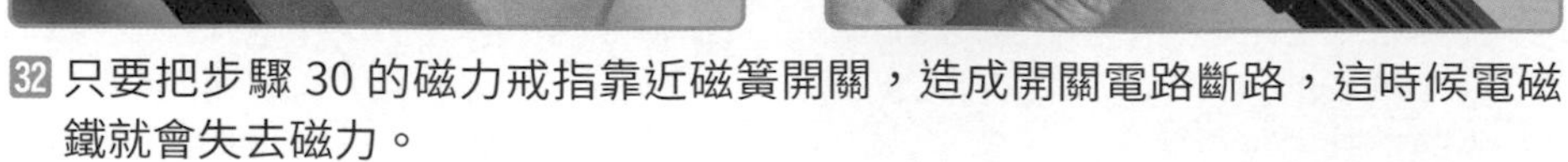

㉜ 只要把步驟 30 的磁力戒指靠近磁簧開關，造成開關電路斷路，這時候電磁鐵就會失去磁力。

# CHALLENGE++

完成後的雷神之鎚先別急著把紙箱的開口用膠帶封起，不然之後想要更換電池或是檢查內部線路，就變得麻煩許多。我們可以使用塑膠瓦楞板和魔鬼氈，讓這把鎚子改造的更方便維修……以及更像一把電影會出現的雷神之鎚。

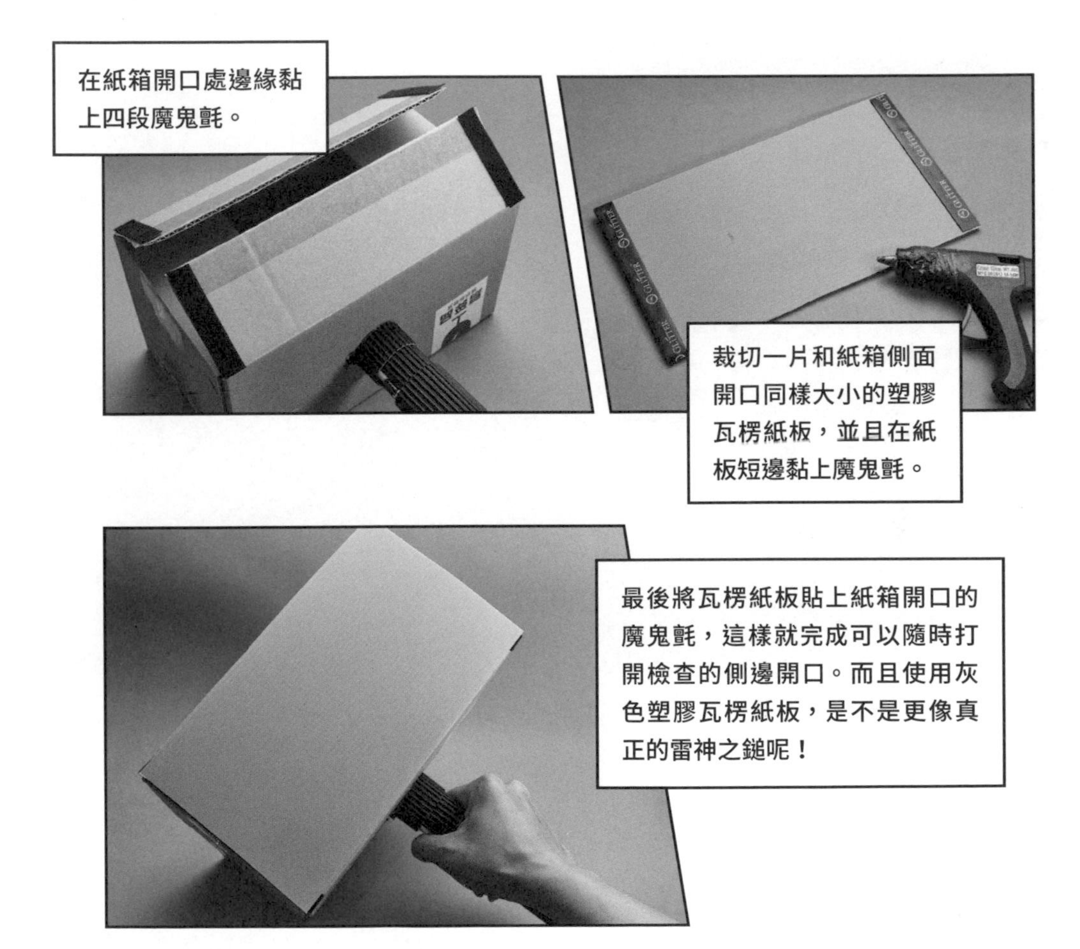


如果你還覺得不滿意，想再挑戰看看難度更高的改造任務，不妨使用保麗龍塊以及鐵片，製作出雷神之鎚的底座。重現電影裡雷神索爾用力拿起雷神之鎚的名場景。

少年知識家

# 超展開實驗室

作者｜施奇廷、許經夌、陳翰諄
繪者｜吳宇實

責任編輯｜呂育修
封面設計｜陳采瑩
行銷企劃｜劉盈萱

天下雜誌群創辦人｜殷允芃
董事長兼執行長｜何琦瑜
兒童產品事業群
副總經理｜林彥傑
總編輯｜林欣靜
版權專員｜何晨瑋、黃微真

出版者｜親子天下股份有限公司
地址｜台北市104建國北路一段96號4樓
電話｜（02）2509-2800　傳真｜（02）2509-2462
網址｜www.parenting.com.tw
讀者服務專線｜（02）2662-0332　週一～週五：09:00~17:30
傳真｜（02）2662-6048　客服信箱｜bill@cw.com.tw
法律顧問｜台英國際商務法律事務所・羅明通律師
製版印刷｜中原造像股份有限公司
總經銷｜大和圖書有限公司　電話：（02）8990-2588

出版日期｜2022年6月第一版第一次印行
定價｜400元
書號｜BKKKC203P
ISBN｜978-626-305-234-5（平裝）

訂購服務
親子天下 Shopping｜shopping.parenting.com.tw
海外・大量訂購｜parenting@cw.com.tw
書香花園｜台北市建國北路二段6巷11號　電話（02）2506-1635
劃撥帳號｜50331356　親子天下股份有限公司

國家圖書館出版品預行編目資料

超展開科學實驗室／許經夌，施奇廷，陳翰諄作；吳宇實繪. -- 第一版. -- 臺北市：親子天下股份有限公司, 2022.06
184面；17×23公分
ISBN 978-626-305-234-5（平裝）
1.CST：科學實驗 2.CST：通俗作品

303.4　　111006686